U0244024

自动驾驶与机器人实践指南

——基于DragonFly智能车的模块化设计方法

Engineering Autonomous Vehicles and Robots

The DragonFly Modular-based Approach

刘少山（Shaoshan Liu） 著

陈绍平 张乃欣 译

化学工业出版社

·北京·

内容简介

本书深入探讨了构建自动驾驶汽车和机器人的全过程。作为刘少山博士的得意之作，本书不仅被国际电气和电子工程师协会计算机学会（IEEE Computer Society）推荐为无人驾驶国际标准教材，还涵盖了从基础硬件设备到通信、定位、感知、规划、控制、建图和边缘计算等一系列核心知识点。书中还以一个标准的自动驾驶样车为例，生动地展示了每个部分在整个系统中的关键作用。本书为广大的学生、研究者、工程师、教育工作者、行业从业者、技术爱好者，以及对未来技术发展感兴趣的公众提供了宝贵的知识和启示，对我国自动驾驶行业的快速发展也将产生深远的影响。

无论您是从事自动驾驶、自动化、智能机器人、V2X、SLAM 等领域的工程师，还是高等院校的相关专业师生，或者是对这一领域感兴趣的技术爱好者，本书都将为您提供宝贵的参考和指导。

Engineering Autonomous Vehicles and Robots: The DragonFly Modular-based Approach by Shaoshan Liu

ISBN 9781119570561

Copyright© 2020 John Wiley & Sons Ltd. All rights reserved.

Authorized translation from the English language edition published by John Wiley & Sons Ltd.

本书中文简体字版由 John Wiley & Sons Ltd 授权化学工业出版社独家出版发行。

北京市版权局著作权合同登记号：01-2024-0437

图书在版编目（CIP）数据

自动驾驶与机器人实践指南：基于 DragonFly 智能车的模块化设计方法 / 刘少山著；陈绍平，张乃欣译 . —北京：化学工业出版社，2024.1

书名原文：Engineering Autonomous Vehicles and Robots: The DragonFly Modular-based Approach

ISBN 978-7-122-44330-4

Ⅰ. ①自… Ⅱ. ①刘…②陈…③张… Ⅲ. ①自动驾驶系统 - 研究②移动式机器人 - 研究 Ⅳ. ① V241.4② TP242

中国国家版本馆 CIP 数据核字（2023）第 200337 号

责任编辑：陈 喆　　　　　　　　文字编辑：蔡晓雅
责任校对：杜杏然　　　　　　　　装帧设计：王晓宇

出版发行：化学工业出版社（北京市东城区青年湖南街13号　邮政编码100011）
印　　装：三河市双峰印刷装订有限公司
787mm×1092mm　1/16　印张11½　字数285千字
2024年3月北京第1版第1次印刷

购书咨询：010-64518888
售后服务：010-64518899
网　　址：http://www.cip.com.cn
凡购买本书，如有缺损质量问题，本社销售中心负责调换。

定　　价：118.00元　　　　　　　　　　版权所有　违者必究

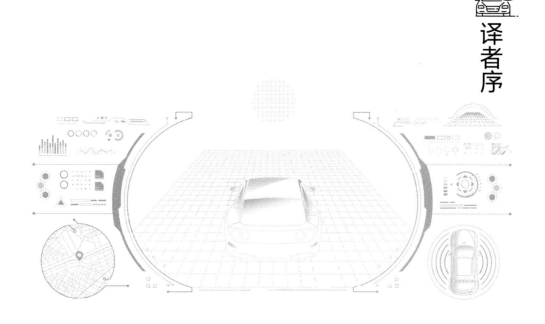

随着科技的飞速发展，自动驾驶技术已经成为当下最受关注的技术之一。从最初的驾驶辅助系统到现在的全自动驾驶，这项技术在短短几年内取得了令人瞩目的进展。它不仅改变了我们的出行方式，还为未来的交通系统带来了革命性的变革。自动驾驶技术的发展不仅仅是技术的进步，更是对人类出行方式的深刻思考和重塑。

本书的作者——刘少山博士，是 PerceptIn 公司的创始人兼首席执行官。该公司是一家全栈视觉智能公司，致力于为自动驾驶系统提供可扩展的硬件 / 软件一体化解决方案。刘博士在加利福尼亚大学欧文分校获得计算机工程博士学位，他的研究方向包括边缘计算系统、机器人和自动驾驶技术。他在自动驾驶系统方面发表 40 多篇文章并拥有 100 多项专利。此外，刘博士还是 IEEE 的高级会员、ACM 杰出讲师、IEEE 计算机协会杰出访问者，以及 IEEE 计算机协会自动驾驶技术特别技术社区的联合创始人。

作为本书的翻译者，我们对自动驾驶和机器人技术有着浓厚的兴趣，并深知这项技术对当前和未来社会的巨大影响。我们翻译这本书的初衷是让更多的中文读者能够接触到这本内容丰富、独特且有深度的图书，借此了解和掌握自动驾驶和机器人领域的知识和技能。

在翻译过程中，我们采取了直译和意译相结合的方式，力求保留原文的深度和广度，同时又使其更符合中文读者的阅读习惯。本书具有很高的实践价值和学术意义，无论是学者、研究人员还是实践者都可从中受益。

在此，我们要向所有在翻译过程中提供帮助的人表示感谢，尤其是对自动驾驶和机器人领域有深入研究的专家，他们的专业建议使得本书的翻译工作得以顺利进行。我们还要感谢刘少山博士，是他的专业知识和热情推动了这本书的创作，为我们提供了深入了解和掌握自动驾驶与机器人技术的机会。

本书的翻译分工为：张乃欣翻译第 1 章，朱贵菁翻译第 2 章，马培立翻译第 4 章和第 6 章，陈张杰翻译第 7 章和第 11 章，石泽翻译第 5 章，谢奔翌翻译第 9 章，陈绍平翻译第 3 章、第 8 章、第 10 章和第 12 章，朱贵杰翻译第 13 章。

此外，我们对于任何可能的翻译不足表示歉意，并欢迎读者批评指正。希望本书能对自动驾驶与机器人工程领域的学者、研究者和实践者，以及对这个领域感兴趣的读者产生启发，并在自动驾驶和机器人技术的发展和应用中找到它的价值。

为了方便广大读者阅读参考，本书所有插图经汇总整理，制作成二维码放于封底，感兴趣的读者可扫码查看。

译 者

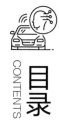

目录

CONTENTS

7 规划和控制 086

8 建图 105

9　搭建 DragonFly Pod 和 DragonFly Bus　119

10　搭建商业智能太空探索机器人　141

1

基于模块化设计的
经济可靠的自动驾
驶方案

1.1 简介

近年来，自动驾驶已经成为科研界、工业界，乃至新闻界的一个相当热门的话题，将基于自动驾驶技术的无人车投入人们的日常生活中，无疑是一场激动人心的变革。但是，除此之外，我们为什么要使用自动驾驶车辆呢？其中一个原因是，使用采用清洁能源的共享自动驾驶车辆可以减少环境污染，缓解交通拥堵，提高公路安全，促进经济高效发展，从而为我们的交通运输业带来颠覆性的改善。

更为具体地说，首先在减少环境污染方面，现在美国大约有 2.6 亿辆汽车。根据美国能源部的研究，如果将所有的汽车换成清洁能源汽车，每年可减少 8 亿吨的碳排放量，这将占美国在《巴黎协定》中承诺的 13.3%[1]。此外，如果共享自动驾驶车辆可以投入使用，并通过 MIT（麻省理工学院）计算机科学与人工智能实验室（CSAIL）研发的共享汽车调度系统进行调度，在最好的情况下可以减少约 75% 的城市汽车数量[2]。综合上述两点，若广泛使用采用清洁能源的共享自动驾驶车辆，每年可减少 10 亿吨的碳排放量，这大约相当于美国在《巴黎协定》中承诺的 20%。

在提高公路安全方面，由人类司机驾驶的车辆的车祸率为 4.2 起每百万英里 ❶（per million miles，PMM），而目前的自动驾驶车辆的车祸率为 3.2 起每百万英里（PMM）[3]。并且，随着自动驾驶车辆安全性的不断提升，如果自动驾驶车辆的车祸率能降至 1 起每百万英里（PMM）以下，那么仅仅在美国每年就能挽救多达 3 万人的生命[4]。

最后，我们考虑共享自动驾驶车辆对经济的影响。每吨碳排放对美国 GDP 的影响约为 220 美元。这意味着，如果将所有的车辆换成使用清洁能源的共享自动驾驶车辆，每年可以节省 2200 亿美元[5]。此外，由于在美国平均每发生一次车祸就会造成约 3 万美元的损失，通过使用自动驾驶车辆可以将车祸率降至 1 起每百万英里（PMM）以下，从而每年可以再减少

---

❶ 1mi（英里）=1.6093km。

3000 亿美元的损失[6]。因此，仅仅在美国，如果广泛地推广采用清洁能源的共享自动驾驶车辆，每年就可节省多达 5200 亿美元，这几乎与瑞典的国内生产总值（GDP）相当。

虽然使用自动驾驶车辆有着各种各样的好处，但是现在将自动驾驶车辆大规模投入使用还面临着一些难题。其中包括技术可靠性问题、伦理和法律方面的问题，以及最重要的经济成本方面的问题。要成功构建自动驾驶汽车并将其大规模地投入使用，我们还有哪些问题亟待解决？如何解决这些问题？在回答这些问题前，我们需要先了解自动驾驶车辆的底层设计。

1.2　成本昂贵的自动驾驶技术

在本节中，我们对现有自动驾驶系统的成本构成进行分解，并证明目前大规模部署自动驾驶系统的主要障碍是传感器（sensor）、计算系统（computing system）和高精度（high-definition，HD）地图的成本过于昂贵[7]，如图 1.1 所示。

图 1.1　现有自动驾驶方案的成本构成分解

1.2.1　传感器系统

自动驾驶中使用的主流传感器包括全球卫星导航系统（GNSS）、激光探测和测距系统（LiDAR，又称激光雷达）、车载摄像头、雷达（radar）和声呐（sonar）。

全球卫星导航系统（GNSS）接收器，特别是那些具有实时动态定位（real-time kinematic，RTK）能力的接收器，通过以至少米量级的精度更新车辆的全球位置，帮助自动驾驶车辆进行定位。但是，用于自动驾驶系统的高端 GNSS 接收器的价格可能远远超过 1 万美元。

激光雷达（LiDAR）用于创建高精度地图、进行实时定位以及躲避障碍物。LiDAR 的工作原理是激光器产生并发射一束光脉冲，打在物体表面并反射回来，最终光脉冲被接收器所接收，接收器准确地测量光脉冲从发射到被反射回的传播时间以确定自身与物体表面的距离。但是，激光雷达设备目前存在两个问题：第一，它们非常昂贵（一个可用于自动驾驶的激光雷达的价格可能超过 8 万美元）；第二，在恶劣的天气条件下，比如雨雾天气，它们可能无法提供准确的测量结果。

车载摄像头主要用于目标识别和追踪，例如识别车辆行驶环境中的车道线、交通灯和行人。为了实现这些任务，当前的解决方案通常是在车辆周围安装多个摄像头，用于检测、识别和追踪物体。然而，车载摄像头存在一个致命缺点，就是在恶劣的天气条件下，其提供的图像数据可靠度较低。此外，自动驾驶车辆上的多个摄像头需要传输海量图像数据，因此对系统的计算能力也有着很高的要求。需要注意的是，这些摄像头的快门速度通常为 60Hz。以上情况结合起来，自动驾驶车辆的车载摄像头系统每秒可以产生超过 1GB 的原始数据。

雷达（radar）和声呐（sonar）：雷达和声呐系统是自动驾驶车辆用于躲避障碍物的最后一道防线。雷达和声呐产生的数据集显示了车辆行驶路径上距离车辆最近的物体的距离。值得注意的是，雷达的主要优势是它在所有天气情况下都能正常工作。在通常情况下，声呐可以覆盖 0 ～ 10m 的范围，而雷达则可以覆盖 3 ～ 150m 的范围。这类传感器相对便宜，它们的成本加起来不到 5000 美元。

1.2.2　高精度地图的创建和维护

传统的数字地图通常由卫星图像生成，并且具有米量级的精度。虽然这一精度对于人类驾驶员来说已经绰绰有余，但是自动驾驶车辆需要更高精度的地图来提供车道（lane-level）级别的信息。因此，自动驾驶技术需要使用高精度地图（HD map）。

与传统的数字地图相似，高精度地图也具有分层的数据结构。底层地图没有使用卫星图像，而是通过激光雷达（LiDAR）探测到的原始数据生成栅格地图（grid map）。栅格地图的分辨率大约为 5cm×5cm，每个栅格中记录了单元环境中对象基本的高程和反射信息。自动驾驶车辆在行驶过程中，将车辆上激光雷达（LiDAR）新收集到的扫描数据与由全球卫星导航系统（GNSS）提供的初始位置估计得到的栅格地图进行实时比对，就能确定自身位置[8]。

除了底层的栅格地图，高精度地图还包含其他几层语义信息地图。例如，在栅格地图的基础上，高精度地图一般还包含道路标志线的位置及特征信息，以及相应的车道特征，使得自动驾驶车辆可以准确地判断自己是否在正确的车道上行驶。此外，高精度地图相比传统数字地图还增加了交通标志牌信息，以告知自动驾驶车辆当地的限速情况，附近是否有交通信号灯等，为车辆提供额外的保护，这在自动驾驶车辆的传感器没有成功检测出交通标志牌时尤其有用。

传统数字地图的更新周期一般为 6 ～ 12 个月。但为了确保高精度地图包含最新的信息，高精度地图应该至少每周就更新一次。因此，对于存有一个中型城市信息的高精度地图，它的创建、运行和维护费用每年可能超过数百万美元。

1.2.3　计算系统

规划与控制算法和目标识别与追踪算法具有非常不同的行为特征，因此需要使用不同类型的处理器。此外，高精度地图（HD map）对内存有着较高的要求[9]，因此，必须在有限的计算资源和功率预算内设计一个能够满足这些需求的硬件计算系统。如文献[9] 所述，早期设计的自动驾驶计算系统配备了 Intel®Xeon E5 处理器和 4 ~ 8 个 Nvidia® K80 图形处理单元（GPU）加速器，这些处理器之间彼此使用 PCI-E 总线连接。虽然整个系统能够提供 64.5 万亿次 /s（64.5TOP/s）的峰值运算能力，但它消耗了 3000W 的能量，这也导致了大量的热量产生。此外，整个解决方案的成本约为 3 万美元，这对于普通消费者来说是一个无法接受，并且根本负担不起的价格。

1.3　实现经济可行性和技术可靠性

许多知名的无人驾驶公司，如 Waymo、百度和 Uber，以及一些其他的公司，都在参与一场从设计到部署，再到最终普及自动驾驶车辆的竞争。自动驾驶车辆必须满足经济实用和安全可靠的要求，即使在最复杂的环境下也要安全驾驶。然而，正如上文所述，所有传感器的成本总和可能超过 10 万美元，计算系统的成本又是 3 万美元，这导致每辆车的成本非常高：一辆演示用的自动驾驶车的成本甚至可以轻松超过 80 万美元[10]。此外，除了单位成本之外，我们还尚不清楚如何支付高精度地图创建和维护的费用。

即使使用最先进的传感器，但让自动驾驶车辆在复杂的交通环境下与人类驾驶的汽车共存仍然是一个棘手的问题。因此，如果未来几年不能显著降低传感器、计算系统和高精度地图的成本，并显著改善定位、感知和决策算法，那么自动驾驶技术将不会被普及。

为了解决这些问题，我们开发了一种应用于低速场景的可靠的自动驾驶车辆，例如用于大学校园、工业园区和交通不便的地区[11,12]。我们先从低速场景开始，以确保自动驾驶车辆的安全性，从而允许开发的车辆立即部署和投入使用。然后，随着技术的改进和经验的积累，我们将设想高速场景，并最终使自动驾驶车辆在任何驾驶场景中的表现与人类驾驶员表现相当。实现自动驾驶车辆经济和技术的可行性，关键在于使用传感器融合、模块化设计和高精度视觉地图（HPVMs）。

1.3.1　传感器融合

使用激光雷达（LiDAR）进行定位或感知非常昂贵，而且得到的结果可能不可靠。综合考虑价格和技术因素，可以使用多个经济实惠的传感器，如摄像头、GNSS 接收器、车轮编码器、雷达和声呐，并协同融合它们的数据。这些传感器不仅有各自的特点、缺点和优势，而且它们可以互为补充。因此，当一个传感器失效或发生其他故障时，另外的传感器可以立即接管故障传感器的功能，从而确保系统的可靠性。通过这种传感器融合方法，自动驾驶车辆的传感器成本可以被控制在 2000 美元以内。

定位子系统依靠全球导航卫星系统（GNSS）接收器提供具有亚米级精度的初始定位。视觉里程计（visual odometry）可以进一步将定位精度提高到分米级。此外，在 GNSS 接收器和摄像头发生故障的情况下，可以使用车轮编码器来跟踪车辆的运动。视觉里程计通过检查两帧之间的重叠来推断位置变化。然而，当车辆突然运动时，例如急转弯，由于两个连续帧之间缺少重叠区域，视觉里程计可能无法保持定位。

主动感知子系统旨在帮助车辆了解其所在环境。基于这种理解，结合计算机视觉和毫米波（mm Wave）雷达来探测和跟踪 50m 范围内的静态或移动物体，车辆可以根据探测结果做出行动决策，以确保行程的平稳和安全。借助双目视觉，不仅可以轻松地识别出包括行人和其他移动的车辆在内的物体，还可以准确地确定车辆与这些物体之间的距离。此外，毫米波雷达还可以在所有天气条件下完成快速移动物体的检测和跟踪，并能够实时测量出自身和快速移动物体之间的距离。

被动感知子系统旨在探测任何直接的危险，并充当车辆安全的最后一道防线。它的探测范围覆盖车的近场，即车辆周围 0 ～ 5m 的范围（在自动驾驶中，近场指的是车辆周围的相对较近距离。近场感知是自动驾驶系统中非常重要的一个功能，它能够帮助车辆在近场内精确检测周围的障碍物和人员，以便车辆能够安全行驶），这是通过结合使用毫米波雷达和声呐来实现的。毫米波雷达是非常适合探测移动物体的工具，而声呐则适合静态物体探测。根据当前的车速，当检测到近场内的物体时，被动感知子系统会采取不同的策略来确保车辆的安全。

1.3.2　模块化设计

以往设计的自动驾驶计算系统的成本往往很高，但应用模块化设计的原则可以设计出经济实惠的计算系统[9]。模块化设计将计算放到了传感器端，从而减少了对主计算单元的计算需求。事实上，像 DragonFly 传感器模块[11] 这样的四摄像头模块就能以 400Mb/s 的速率产生图像数据。如果所有的传感器数据都被传输到主计算单元，那就要求这个计算单元变得极其复杂，这将对系统的可靠性、功率开支和成本等方面产生诸多不良后果。

我们采用的方法是将功能单元分解为若干模块，并让每个模块执行尽可能多的计算操作，这有助于减轻主计算系统的负担并简化其设计，从而提升系统可靠性。具体而言，我们在 DragonFly 模块中嵌入了 GPU SoM（模块系统），以从原始图像中提取特征。然后，只将提取得到的特征发送给主计算单元，从而将数据传输速率降低了 1000 倍。将相同的设计原则应用于 GNSS 接收器子系统和雷达子系统，可将整个计算系统的成本降低到 2000 美元以下。

1.3.3　扩展现有的数字地图

创建和维护高精度地图是自动驾驶车辆部署成本的另一个重要组成部分。一些人提议使用众包（crowd-sourcing）数据创建高精度地图。但是，这需要车辆配备昂贵的激光雷达（LiDAR）装置，因此不适合大规模部署。而另一方面，许多汽车已经配备了摄像头，因此使用众包视觉数据是一种非常实用的解决方案。

所以，我们的理念是用视觉信息增强现有的数字地图，使其达到分米级的精度，而不是从头开始建立高精度地图，这被称为 HPVMs（high-precision visual maps）。为了有效地帮助车辆进行定位，HPVMs 由多个层组成：

① 最底层可以是任何现有的数字地图，例如 Open Street Map，底层的分辨率约为 1m。

② 第二层是地面特征层，它记录了路面的视觉特征，以提高地图分辨率至分米级。在周围充满其他车辆和行人的拥挤的城市环境中，地面特征层特别有用。

③ 第三层是空间特征层，它记录了环境中的视觉特征，与地面特征层相比，它提供了更多的视觉特征，并且地图分辨率也达到了分米级。空间特征层在不太拥挤的开放环境（如乡村）中特别有用。

④ 第四层是语义层，包含车道标签、红绿灯和交通标志标签等。语义层可以帮助车辆做出规划决策，例如路线选择。

1.4　模块化设计

在讨论本书其他部分的细节之前，先简要回顾一下模块化设计方法，并介绍每个模块。通过这样的介绍，读者可以轻松了解本书的内容。

图 1.2 展示了 DragonFly Pod[13]，这是一种利用本书所述的模块化设计方法构建的低速自动驾驶客舱。该车由多个部件组成，包括用于定位的实时差分定位（RTK）全球导航卫星系统（GNSS）模块，用于定位和主动感知的 DragonFly 计算机视觉模块（使用视觉惯性里程计技术），用于被动感知的毫米波雷达和声呐，用于实施规划的规划与控制模块，还有底盘模块。图 1.3 显示了该设计的架构图，并展示了各模块之间如何交互。

图 1.2　DragonFly Pod 的模块化设计

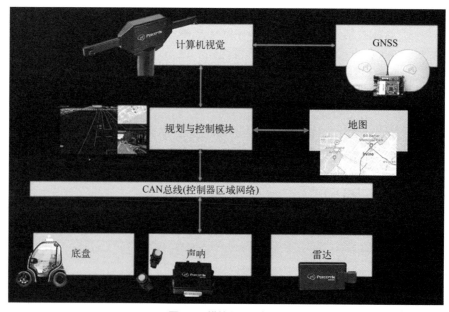

图 1.3　模块化设计架构

1.4.1　通信系统

首先，为了使不同的模块组成一个完整的工作系统，我们需要一个可靠的通信系统。由于控制器局域网络（CAN）总线简单易用，所以CAN总线被广泛运用于当今的车载通信网络，它可用于连接电子控制单元（ECU）、传感器和其他组件，以实现彼此之间的通信。在进一步讨论其他组件的细节之前，读者应首先了解CAN总线的工作原理。

1.4.2　底盘

传统的汽车底盘利用机械控制，如机械电缆、液压和其他方式，为驾驶员提供对车辆速度或方向的直接的、物理上的控制方式。

然而，要实现自动驾驶，我们需要一个线控驱动底盘（drive-by-wire-ready chassis），这样就可以应用电子控制来启动、刹车、控制转向和操作其他机械系统。具体而言，底盘模块为规划与控制模块提供基本的应用程序接口，使规划与控制模块能够进行转向、油门、刹车等动作，以保证车辆按规划的轨迹行驶。

1.4.3　用于被动感知的毫米波雷达和声呐

对于探测中距离范围内的障碍物，我们可以使用77GHz毫米波雷达，这样规划与控制模块就可以在探测到障碍物时立刻做出决策。同样，声呐可以用于近距离范围内的障碍物探测，为车辆安全提供最后一道防线。一旦声呐探测到障碍物，它们会直接向底盘发出停止信号，以最大限度地降低事故发生的风险。

毫米波雷达和声呐传感器可以结合使用，实现被动感知。所谓被动感知，即当探测到障碍物时，原始数据不会被送到规划与控制模块进行决策，而是通过CAN总线直接发送给底盘，以便快速做出决策。在这种情况下，车辆底盘上实现了一个简单的决策模块，以便在短距离内检测到障碍物时停止车辆。

这种设计的主要原因是当近距离检测到障碍物时，我们希望尽快停止车辆，而不是通过完整的决策通道。这是保证乘客和行人安全的最佳方式。

1.4.4　用于定位的 GNSS

当涉及车辆定位时，我们很自然地就会选择GNSS系统，特别是具有RTK能力的GNSS系统，它可以提供非常高的定位精度。GNSS系统提供详细的定位信息，例如纬度、经度、海拔以及车辆航向。尽管如此，当有建筑物和树木遮挡住天空时，GNSS精度会受到影响，从而导致多径问题。因此，我们不能完全依赖GNSS进行定位。

1.4.5　用于主动感知和定位的计算机视觉

计算机视觉可用于定位和主动感知。为了实现准确的实时车辆定位，我们可以依靠视觉同步定位和地图绘制（VSLAM）技术。然而，VSLAM通常存在累积误差，随着车辆行驶的距离越来越长，定位误差就会变得越来越大。幸运的是，通过融合VSLAM和GNSS定位技术，我们可以在不同的情况下实现高精度定位，因为 GNSS 得到的数据在车辆未被遮挡时可以用作真值组（group-truth），而 VSLAM 在车辆被遮挡时可以提供高精度数据。

此外，计算机视觉也可用于主动感知。使用双目视觉，我们可以提取不同物体的空间或深度信息；使用深度学习技术，我们可以提取不同对象的语义信息。通过融合空间和语义信息，我们可以检测到感兴趣的物体，如行人和汽车，以及获得它们与当前车辆的距离。

1.4.6　规划与控制

规划与控制模块接收来自感知和定位模块的输入，并实时生成决策信息。通常，在不同的情况下，规划与控制模块会定义不同的行为，并选择其中一种行为来执行。

一个典型的规划与控制系统具有以下架构：首先，当用户输入目的地时，路由模块会检查地图中的道路网络信息并生成路线；然后将路线传递给行为规划模块，该模块检查交通规则以生成运动规范；接下来，生成的路线连同运动规范被传递给运动规划器，运动规划器结合实时感知和定位信息来生成轨迹；最后，生成的轨迹被传递给控制系统，该系统会被动地纠正规划运动执行中的错误。

1.4.7　建图

地图生成模块向规划与控制模块提供必要的地理信息，例如车道配置和静态障碍物信息。为了生成实时运动规划，规划与控制模块可以将感知输入、定位输入和地图输入相结合。感知输入可以实时检测动态障碍物，定位输入可以生成实时车辆姿态，地图输入可以捕获道路几何形状和静态障碍物。

目前，全自动驾驶车辆使用高精度 3D 地图。这种高精度地图极其复杂，包含数万亿字节的数据。这些数据不仅有表示车道和道路的，还有表示现实世界中三维地标的语义信息和位置的。有了高精度地图，自动驾驶车辆就能够在地图区域中定位自身位置并实现导航功能，前往目的地。

1.5　内容前瞻

在前面的内容中，我们介绍了用于构建自动驾驶车辆或智能机器人的模块化设计方法。在本书的其余部分，我们将深入探讨这些主题，并详细介绍每个模块，以及如何集成这些模块，以实现一辆功能齐全的自动驾驶车辆或智能机器人。

本书的第一部分由第 2 ～ 8 章组成，在这部分中我们介绍了自动驾驶车辆的各个模块，包括通信系统、底盘技术、被动感知技术、RTK GNSS 定位，用于定位与感知的计算机视觉，规划和控制，以及建图技术。

- 第 2 章：车载通信系统
- 第 3 章：智能机器人和自动驾驶车辆的底盘技术
- 第 4 章：声呐和毫米波雷达的被动感知
- 第 5 章：通过实时动态全球导航卫星系统进行定位
- 第 6 章：计算机视觉的定位与感知

- 第 7 章：规划和控制
- 第 8 章：建图

本书的第二部分由第 9 章和第 10 章组成，在这部分中，我们介绍了两个有趣的案例研究：第一个是关于应用模块化设计来建造低速的自动驾驶车辆；第二个是关于美国宇航局（NASA）如何使用模块化设计方法搭建太空探索机器人。

- 第 9 章：搭建 DragonFly Pod 和 DragonFly Bus
- 第 10 章：搭建商业智能太空探索机器人

根据我们的实践经验，自动驾驶车辆和智能机器人的功能往往受到有限的车载计算能力的制约。因此，在本书的最后部分，我们深入研究了为自动驾驶车辆和智能机器人构建边缘计算系统的最先进方法。我们将涵盖车载边缘计算设计、车联网（vehicle-to-everything）基础设施以及自动驾驶车辆的安全性。

- 第 11 章：自动驾驶车辆的边缘计算
- 第 12 章：Vehicle-to-Everything 基础设施的创新
- 第 13 章：车辆边缘安全

1.6 书中使用的开源项目

自动驾驶系统是一个高度复杂的系统，集成了很多技术部件和模块。因此，从头开始搭建自动驾驶车辆的一切是不可行且效率低下的。所以，我们在本书中引用了许多开源项目来帮助读者构建自己的自动驾驶系统。此外，在本书中，我们还使用了 PerceptIn 的自动驾驶软件堆栈来展示模块化设计的理念。本书中使用的开源项目列举如下：

- CANopenNode[14]：这是一个免费和开源的 CANopen 协议栈，用于 CAN 总线通信。
- Open Source Car Control[15]：开源车辆控制是软硬件设计的集合体，它能够对汽车进行计算机控制，以促进自动驾驶车辆技术的发展。它是一种使用软件与车辆的通信网络和控制系统对接的模块化的和稳定的方式。
- OpenCaret[16]：用于起亚 Soul EV 上的开源 Level-3 高速公路自动驾驶系统。
- NtripCaster[17]：NTRIP（通过互联网进行 RTCM 网络传输的协议）是在互联网上进行 RTK 数据传输的协议。GNSS NTRIP Caster 从一个或多个数据流源（名为 NTRIP 服务器的基站）获取 GNSS 数据，并将这些数据提供给一个或多个终端用户（通常称为 rover），即 NTRIP 客户端。如果需要同时向一个以上的客户端发送数据，或有一个以上的数据流，将需要一个 Caster。
- GPSD[18]：这是一个服务守护进程，它监听一个或多个通过串行或 USB 端口连接到主机的 GNSS 接收器，使传感器的位置/路线/速度的所有数据可在主机的传输控制协议端口 2947 上查询。多个位置感知的客户端程序可以共享对支持 GPSD 的传感器的访问，而不会发生冲突或数据丢失。此外，GPSD 响应查询的格式比大多数 GNSS 接收器发出的 NMEA 0183 格式更容易解析。
- Kalibr[19]：Kalibr 是解决以下标定问题的工具箱。

—多摄像头标定：具有无重叠视场的相机系统的内外参标定。

—视觉-惯性标定（相机 -IMU）：IMU 相对于相机系统的空间和时间标定。

—卷帘快门相机标定：卷帘快门相机的全部内参标定（投影、失真和快门参数）。

- OpenCV[20]：OpenCV（Open Source Computer Vision Library）是一个开源的计算机视觉和机器学习软件库。OpenCV 旨在为计算机视觉应用程序提供通用基础架构，并加速机器感知在商业产品中的应用。

- ORB-SLAM2[21]：ORB-SLAM2 是支持单目（monocular）、双目（stereo）、RGB-D 相机的实时 SLAM 库，用于计算相机轨迹和稀疏的三维重建（3D reconstruction）。它能够实时检测环路并重新定位摄像机。

- libELAS[22]：这是一个带有 MATLAB 包装器的跨平台的 C++ 库，用于计算大型图像的差异图（disparity maps）。它的输入是一对具有相同大小的整流灰度立体图像，输出是相应的差异图。

- Mask R-CNN[23]：这是一个基于 Keras 和 TensorFlow 的用于目标检测和实例分割的深度学习模型。

- Baidu Apollo[24]：Apollo 是一种高性能、灵活的架构，可以加速自动驾驶车辆的开发、测试和部署。

- OpenStreetMap[25]：是一个网上地图协作计划，旨在创造一个免费开源且能让所有人编辑的世界地图。地图背后的地理数据是该项目的主要产出。世界上大部分地区对地图数据的使用和提供都加以限制，这促使了 OpenStreetMap 计划的创立，而廉价的便携式卫星导航设备的出现进一步促进了 OpenStreetMap 计划的发展壮大。

参考文献

[1] U.S. Department of Energy (2017). Emissions from Hybrid and Plug-In Electric Vehicles. https://www.afdc.energy.gov/vehicles/electric_emissions.php (accessed 1 December 2017).

[2] MIT CSAIL (2016). Study: carpooling apps could reduce taxi traffic 75%. https://www.csail.mit.edu/news/study-carpooling-apps-could-reduce-taxi-traffic-75 (accessed 1 December 2017).

[3] VirginiaTech (2017). Automated vehicle crash rate comparison using naturalistic data. https://www.vtti.vt.edu/featured/?p=422 (accessed 1 December 2017).

[4] U.S. Department of Transportation (2016). U.S. Driving Tops 3.1 Trillion Miles in 2015. https://www.fhwa.dot.gov/pressroom/fhwa1607.cfm (accessed 1 December 2017).

[5] Moore F C, Diaz D B (2015). Temperature impacts on economic growth warrant stringent mitigation policy. Nature Climate Change 5 (2): 127-131.

[6] New York State Department of Transportation (2016). Average Accident Costs. https://www.dot.ny.gov/divisions/operating/osss/highway-repository/39D1F023EC4400C6E0530A3DFC0700C6 (accessed 1 December 2017).

[7] Liu S, Li L, Tang J, et al (2017). Creating Autonomous Vehicle Systems, Synthesis Lectures on Computer Science, vol. 6, 1-186. Morgan & Claypool Publishers.

[8] Liu S, Tang J, Wang C, et al (2017). A unified cloud platform for autonomous driving. Computer (12): 42-49.

[9] Liu S, Tang J, Zhang Z, et al (2017). Computer architectures for autonomous driving. Computer 50 (8): 18-25.

[10] AutonomousStuff (2017). Lincoln MKZ Platform. https://autonomoustuff.com/product/lincoln-mkz (accessed 1 October 2018).

[11] YouTube (2018). PerceptIn DragonFly Sensor Module https://www.youtube.com/watch?v=WQUGB-IqbgQ&feature=youtu.be (accessed 1 October 2018).

[12] Vega P (2018). UC Irvine grad works to make a self-driving car costing under $10,000. Los Angeles Times. http://www.latimes.com/socal/daily-pilot/news/tn-dpt-me-driverless-cars-20180105-story.html (accessed 8 January 2018).

[13] PerceptIn (2017). PerceptIn DragonFly Pod. https://www.perceptin.io/products (accessed 1 October 2019).

[14] GitHub (2019). CANopenNode. https://github.com/CANopenNode/CANopenNode (accessed 1 October 2019).

[15] GitHub (2019). Open Source Car Control. https://github.com/PolySync/oscc (accessed 1 October 2019).

[16] GitHub (2019). OpenCaret. October 2019, https://github.com/frk2/opencaret (accessed 1 October 2019).

[17] GitHub (2019). NtripCaster. https://github.com/nunojpg/ntripcaster (accessed 1 October 2019).

[18] gpsd (2019). gpsd -a GPS service daemon. https://gpsd.gitlab.io/gpsd/index.html (accessed 1 October 2019).

[19] GitHub (2019). Kalibr. https://github.com/ethz-asl/kalibr (accessed 1 October 2019).

[20] OpenCV (2019). OpenCV. https://opencv.org (accessed 1 October 2019).

[21] GitHub (2019). ORB-SLAM2. https://github.com/raulmur/ORB_SLAM2 (accessed 1 October 2019).

[22] Geiger A (2019). libELAS. http://www.cvlibs.net/software/libelas (accessed 1 October 2019).

[23] GitHub (2019). Mask R-CNN. https://github.com/matterport/Mask_RCNN (accessed 1 October 2019).

[24] GitHub (2019). Baidu Apollo. https://github.com/ApolloAuto/apollo (accessed 1 October 2019).

[25] GitHub (2019). OpenStreetMap. https://github.com/openstreetmap (accessed 1 October 2019).

2

车载通信系统

2.1 简介

如图 2.1 所示，模块化设计架构中的一个关键部件是车载通信网络，它允许电子控制单元（ECUs）、传感器和其他部件相互通信。值得注意的是，由于其简单的通信逻辑，控制器局域网络（CAN）总线已经成为目前应用最为广泛的车载通信网络。

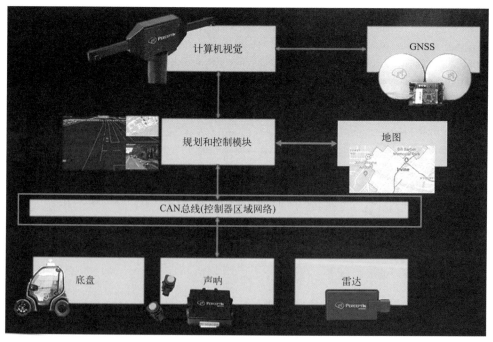

图 2.1 模块化设计架构

在本章中，我们将介绍车载通信系统。首先，我们将会介绍 CAN 总线，它一般作为一种高集成度的串行总线系统被广泛用于智能设备互联。此外，我们还介绍了 FlexRay，这是一种由汽车制造商和主要供应商联合开发确定的，且具有容错性和高速性的总线系统；FlexRay 总线旨在逐步取代 CAN，成为默认的车载通信网络。最后，我们会介绍 CANopen，这是一种用于自动化领域的嵌入式系统通信协议和设备配置文件规范，并针对 CANopen，向读者讲述 CANopenNode，这是一种用 ANSI C 编写且面向对象编程的免费开源的 CANopen 栈。我们相信，本章会为读者了解车载通信网络提供足够的背景知识。

2.2 控制器局域网络（CAN）

CAN 总线是一种高完整性的串行总线系统，常用于智能设备之间的组网。在现代自动驾驶车辆和工业系统中，CAN 总线设备是常用的部件。使用 CAN 接口设备，可以开发与 CAN 网络通信的应用程序[1,2]。

在过去的几十年里，由于汽车技术的进步，越来越多的汽车使用电子控制系统来实现发动机正时（在发动机的压缩冲程终了，活塞达到行程的顶点时，点火系统向火花塞提供高压火花以点燃气缸内的压缩混合气做功，这个时间就是发动机正时）、防抱死制动和无分电器式电子点火等功能。最初，点对点式的布线系统被用于连接车辆中的电子设备。但随着车辆电子设备数量的增加，点对点式的布线系统会导致车辆中的线束重量过大、成本过高，并且不具备可扩展性。

为了取代传统的点对点布线，汽车制造商开始使用车载网络，车载网络有效地降低了车辆的布线成本、复杂性并减轻了重量。1985 年，博世（Bosch）在原有的车载网络的基础上开发了 CAN 总线网络，目前 CAN 网络已经成为现代标准的车载网络。

CAN 总线网络为现代汽车提供了一种廉价且耐用的通信网络，通过 ECUs 可以方便地实现设备之间的通信。相较于模拟输入将信号传递到系统的每个设备中，CAN 总线允许每一个 ECUs 拥有一个 CAN 接口，这大大降低了汽车的整体制造成本并减轻了重量。网络中的所有设备都会配备一个 CAN 控制器芯片，因此这些设备都可以被 CAN 总线智能控制。在 CAN 总线网络上，所有传输的信息都可以被该网络上的所有设备看到，同时每个设备也可以自主决定消息是否对其有价值，以便过滤掉不必要的信息。

随着 CAN 总线在汽车行业的广泛应用，这类高速传输的网络被国际标准化组织制定为 ISO 11898 标准。随后，低速通信的 CAN 也被引入汽车领域中，成为车身电子装置相互通信的协议。而更先进的单线 CAN 也被应用到一些和车身舒适性相关的设备通信中。此外，英特尔、摩托罗拉、飞利浦等主要半导体制造商也相应地为汽车开发定制了 CAN 通信芯片。到 20 世纪 90 年代中期，CAN 总线已经成为许多工业设备网络协议的基础，如 DeviceNet 和 CANOpen 等应用层协议都在标准的 CAN 总线上运行。

如图 2.2 所示，展示了 CAN 规定的媒体访问控制（MAC）和物理层信令（PLS），并将它们应用于 OSI 模型的第 1 层和第 2 层。MAC 作为一种媒体访问控制机制，主要是通过一种被称为非破坏性逐位仲裁的技术来实现的。当站点将其独特的标识符应用于网络时，它们会观察到其数据是否被准确输出。

如果数据未能准确地输出，那么该站点将会认为有更高优先级的信息正在被发送，因此会停止自身数据的发送并恢复到接收模式，以便让最高优先级的信息先通过，而较低优先级的信息则会在另一个时间重新发送。这种方法的优点是网络上的冲突不会破坏数据，并且最终所有站点都可以访问网络。但是，这种方法的问题在于仲裁是在逐位的基础上进行的，这

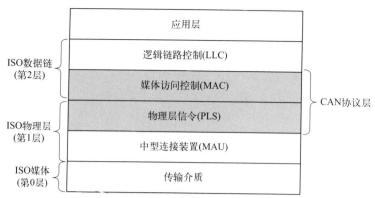

图 2.2　CAN 的协议层

就要求所有站点在一个比特时间内（实际上应该小于一个比特时间）互相监听。

通常情况下，当 CAN 在 500kbps 的通信率下时，一个比特位的通信时间只允许在 2000ns 内，这就要求 CAN 总线的收发器和网线具有较小的时间延迟。因此，CAN 网络之间的距离通常比较短，在需要高速 CAN 网络通信的情况下其距离通常小于 100m。如果需要增加传输距离，则可以采用降低 CAN 总线的数据速率或使用额外的设备提供转接支持的方法。

CAN 总线通常使用"生产者-消费者"模型来完成信号的传输，这保证了信息的点对点传输，即一段数据通过 CAN 总线设备进行传输时，不会寻址到其他设备上。反过来，数据的内容由标识符字段指定，这就要求标识符字段在网络中必须是唯一的。它除了会提供信息传递的内容外，还会指定该消息数据的优先级。这样的机制确保了所有设备都可以在保证数据不冲突的前提下监听发送端的数据，并有选择性地接收感兴趣的信息。

CAN 总线的数据过滤是通过一个接收滤波器来实现的，这种滤波器是 CAN 控制器芯片中的一个组成部分。该滤波器在工作时会制订一个数据接收的标准，而未能通过数据接收标准的消息将被设备拒绝。因此，接收设备只接收来自生产者（数据发送端）的感兴趣的信息。如图 2.3 所示，一个 CAN 帧由标识字段、控制字段和数据字段组成。从 CAN 消息的格式来看，控制字段长度为 6 个字节，数据字段长度在 0 ~ 8 字节之间，标识字段长度在不同规范中不同，例如在标准帧（CAN 规范 2.0A）中，标识字段长度为 11 字节，在扩展帧（CAN 规范 2.0B）中，标识字段长度为 29 字节。当使用 CAN 数据链路层协议时，源节点和目的节点（数据发送的起始点地址和目标点地址）都没有意义，不会起作用。

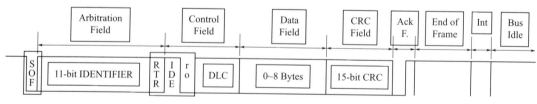

图 2.3　CAN 消息格式

CAN 总线使用无损位仲裁（即非破坏性仲裁）的方案来完成仲裁，其目的是允许多个发送器同时向总线发送数据。所谓的"无损"就是指在发送数据的时候存在优先级高低之分，优先级最高的可以直接发送，优先级低的就会自动退回，等待空闲时重新向总线发送数据，所以对于优先级最高的节点来说"发送时间"就是无损的。使用"wired-AND"机制时，显性状态（逻辑 0）将会覆盖隐性状态（逻辑 1）。当各个发送器在总线上发送数据时，它们同时会逐位监测其数据的实时传输情况，直到发现某个发送器的显性状态位覆盖了其隐性状态位，这意味着存在一个具有更高优先级信息的设备，还存在一个具有较低二进制值的标识符的设备，仲裁失败者（指优先级较低的信息设备）会立即恢复到接收信息模式继续完成信息的接收。采用这种方法的优势是没有数据被破坏，因此，数据传输的量和效率都得到了提高，仲裁失败者只是在下一次机会中再试一次。但这个方案的问题是，所有设备必须在同一比特时间内和采样点之前判断并确定其数据，否则数据将被错误地接收甚至破坏。因此，我们需要考虑影响布线距离的时间限制问题。

从图 2.3 中可以看到，一个 CAN 消息当中有以下几个部分，从左到右有：帧起始（SOF，标志着数据帧和远程帧的起始），仲裁字段（Arbitration Field），远程发送请求位（RTR，RTR 位在数据帧里必须为"显性"，而在远程帧里必须为"隐性"，它是区别数据帧和远程帧的标志），识别符扩展位（IDE），控制字段（Control Field），数据长度代码（DLC，用于规定数据段的字节数），数据字段（Data Field），CRC 段（CRC Field，该段用于检查帧传输错误，又称循环冗余校验），确认字符（ACK，用来确认是否正常接收），帧结束（End of Frame）。其中在 Data Field 这些部分是由比特（bit，表示信息的最小的单位）、字节（Byte，计算机信息技术中用于计量存储容量的一种计量单位）组成的。

2.3 FlexRay 总线

FlexRay 总线是一种用于汽车的、高速的、具备可确定性和故障容错能力的总线技术，由汽车制造商和领先的设备供应商共同开发[3]。FlexRay 为线控驱动的应用提供了较高的容错性和时间确定性，从而满足线控驱动自身的性能要求。FlexRay 总线具有网络利用率高和系统灵活的特点。这种技术可以满足传统 CAN 方案不能满足的汽车线控系统（drive-by-wire）的要求。

FlexRay 总线的许多设计都是为了降低成本，但同时又能在较为恶劣的环境中提供完美的表现。FlexRay 总线是通过非屏蔽双绞线（UTP，一种数据传输线，由四对不同颜色的传输线互相缠绕所组成）将节点连接在一起的。FlexRay 总线在设计中支持单通道和双通道两种线路配置，分别由一对或两对导线组成。这种线路配置的优势就是外部噪声对每对线上的差分信号的影响减小了（是用一个数值来表示两个物理量之间的差异，从严格意义上来讲，所有电压信号都是差分的，而一个电压只能是相对于另一个电压而言的），从而不需要太昂贵的屏蔽设置，就可以达到降低成本的目的。目前大多数 FlexRay 总线的节点设置有电源线和地线为收发器和微处理器供电。双通道配置的主要作用是提供较强的容错能力并增加带宽（总线带宽指的是总线在单位时间内可以传输的数据总量，等于总线位宽与工作频率的乘积）。

目前大多数第一代 FlexRay 总线的网络都只使用一个通道来降低布线的成本，但随着应用程序逐渐变得复杂和对安全性的要求越来越高，未来的网络将会更倾向于采用双信号通道的线路配置。FlexRay 总线要求信号线两端接电阻，并仅在多分支总线上的末端节点处需要有载（即连接电阻），末端接线太多或太少都会破坏 FlexRay 网络。尽管特定的网络实现有所不同，但典型的 FlexRay 网络的电缆阻抗在 $80 \sim 110\Omega$ 之间，并且末端节点会以阻抗作为终端连接处。将 FlexRay 节点连接到测试装置时，终端电阻是造成网络通信失败的最常见原因之一。现代基于 PC 的 FlexRay 接口可能包含用于简化布线的板载终端电阻。

2.3.1　FlexRay 拓扑结构

与 CAN 总线不同的是，FlexRay 总线支持多种类型的拓扑结构，主要包含以下几种连接方式：简单的多点无源连接、用于更复杂网络的有源星形连接和混合型网络。根据车辆的布局和 FlexRay 的使用水平来选择正确的拓扑结构，可以帮助设计者在成本、性能和可靠性方面进行优化。

（1）多点总线（multi-drop bus）

具体来说，FlexRay 通常用于简单的多点总线拓扑结构，即通过一根网线将多个 ECU（电子控制单元）连接在一起。这种拓扑结构和 CAN 的拓扑结构类似，也是 OEM（原始设备制造商）所熟悉的，因此多点总线（multi-drop bus）结构是第一代 FlexRay 车辆中最受欢迎的拓扑结构。在这种拓扑结构中，每个 ECU 可以从核心的"主干"上引出一小段"分支"，同时，在网络的两端会安装负载电阻，以消除信号反射的问题。FlexRay 的工作频率很高，最高可达10Mb/s（1Mb/s=0.125MB/s），与 CAN 通常的 1Mb 工作频率相比高出许多，因此 FlexRay 的设计者必须注意选择正确的端接电阻和网络布局，以避免信号完整性的问题。这种多点格式也非常适合于具有相似布局类型的车辆线束，从而简化了安装，减少了整个车辆布线的难度。

（2）星形网络（star network）

FlexRay 标准还支持"星形"网络的配置，该配置由连接到中央活动节点的各个链路构成。这个节点在功能上类似于 PC 以太网中的集线器。该主动星形网络的配置，使得 FlexRay 网络可以在更远的距离上运行，这种星形网络的形式还起到了分割网络的作用，如果网络的某一部分发生故障，星形网络的设计使故障区域不会影响其他部分网络的正常运行，从而使整个 FlexRay 星形网络更加可靠。同样地，如果说星形网络的一个分支被切断或短路，其他的支路也仍可以继续运行。同时，长距离的电线往往会传导更多的环境噪声，例如大型电动机的电磁辐射，而 FlexRay 星形网络使用多条分支的结构，也可以减少裸线电缆的数量，进而有助于提高整个 FlexRay 通信的抗噪能力。

（3）混合型网络（hybrid network）

最后要讲的是混合型网络，它将多点总线型和星形拓扑结构结合起来，形成一种混合拓扑结构。未来的 FlexRay 网络很有可能是由混合网络构成的，因为混合网络可以充分利用多点总线型拓扑结构的易用性和成本优势，同时在车辆需要高性能和可靠性的地方应用星形网络，从而为车辆提供更好的性能和可靠性。

2.3.2　FlexRay 通信协议

FlexRay 通信协议是一种独特的时间触发协议，它提供了两种方式处理数据，一种是处理确定性数据，即在可确定的时间范围内（精确到微秒）到达的确定性数据，另一种是处理动态事件驱动数据，类似于 CAN，可以处理不同类型的帧，以处理大量的数据。FlexRay 通过一个预先设定的通信周期完成这种核心静态帧和动态帧的混合，并为在通信周期内的静态和动态数据提供了一个预定义的空间。该空间由网络设计者完成配置，根据网络需求分配总线周期。

CAN 总线和 FlexRay 网络都是用于车辆通信的总线技术。与 CAN 总线相比，FlexRay 网络节点需要了解网络的配置才能进行通信，而 CAN 总线只需要知道正确的波特率（表示单位时间内传送的码元符号的个数，它是对符号传输速率的一种度量）即可。另外，与其他的多点总线通信一样，FlexRay 通信也是一次只有一个节点可以将数据写入总线。如果两个节点同时写入，那么就会导致两个节点对总线通信资源发生争抢，并且会导致传输数据的损坏。目前，有多种方案可以解决争用总线通信资源这一问题。例如，CAN 采用了一种仲裁方案，在该方案中，如果节点看到总线上发送的消息具有更高优先级，则它们会让位于其他节点，从而保证数据传输的正确性。虽然这种技术灵活且易于扩展，但它不能支持很高的数据速率，也不能保证数据的及时传递。

　　FlexRay 通常使用时分多址（time division multiple access，TDMA，是一种实现共享传输介质或者网络的通信技术）方案来管理总线上的多个节点。这使得每个 FlexRay 节点都与同一时钟同步，并且每个节点都等待其在总线上写入的时机。因为在 TDMA 方案中时序是一致的，所以 FlexRay 能够保证数据自身的确定性以及数据传递到网络节点的一致性。这为非常依赖节点传输数据确定性以及一致性的系统提供了许多优势。总的来说，嵌入式网络与 PC 网络的不同之处在于，嵌入式网络具有封闭的配置，即在产品组装后就不会再更改。这消除了客户在使用该嵌入式网络时需要发现并配置设备的需求。

　　网络设计师可以通过提前完成对网络的配置来节省大量的配置成本，并提高网络的可靠性。对于像 FlexRay 这样的 TDMA 网络来说，要想使其正常工作，就必须正确地配置所有节点。FlexRay 标准可以适用于许多不同类型的网络，并允许网络设计师在网络更新速度、确定性、数据量、动态数据量以及其他参数之间进行权衡。每个 FlexRay 网络都可能不同，因此必须在每个节点都使用正确的网络参数编程之后，才能应用在总线上。

　　表 2.1 提供了一个 CAN 和 FlexRay 之间的比较表格[4]。在本章的其余部分，我们将继续重点介绍 CAN，因为它仍然是当今最流行的协议，并且使用起来也很便捷。

表 2.1　CAN 和 FlexRay 之间的比较

项目	CAN	FlexRay
频宽（bandwidth）	1Mb/s	10Mb/s
通道数（number of channels）	1	2
帧数据长度 / 字节	0 ～ 8	0 ～ 254
通信方式（communication）	动态仲裁（dynamic arbitration）	时间分址（time division multiple access，TDMA）
复杂度（complexity）	低	高
可组合性（composability）	不可组合	可组合
灵活性（flexibility）	单拓扑结构（one topology）	多种类型拓扑结构（many different topologies）

2.4　CANopen

　　CANopen 协议是一种通信协议和设备配置文件规范，通常用于自动化领域的嵌入式系统中。就 OSI 模型而言（如图 2.1 所示），CANopen 实现了网络层及以上的协议。CANopen 标准由寻址方案、多个小型的通信子协议和设备描述文件定义的应用层组成[5]。

　　CANopen 通信协议支持网络管理（NMT）、设备监控和节点间的通信，其中包括一个简易的传输层，可以处理资料的分段传输及其组合。一般而言，数据链路层和物理层的底层协议使用 CAN 实现，除 CANopen 以外，还有其他一些协议（如以太网 Powerlink、Ether CAT 等）

也可以实现 CANopen 的设备配置文件。

CANopen 的基本设备和通信配置文件由 CiA（CAN in Automation）发布的 CiA 301 规范给出。还有许多专业设备的子协定也是建立在这个基本通信配置文件之上的，并在 CAN in Automation 中发布的其他标准中有指定，例如用于 I/O 模块的 CiA 401 和用于运动控制的 CiA 402。

每个使用 CANopen 的设备都必须在其控制软件中实现某些特定的标准功能。在此基础上，通信单元可以实现与网络中的其他节点进行消息传递的协议。除此之外，设备的启动和复位（设备重置）是通过一个状态机（是协调相关信号动作、完成特定操作的控制中心）控制的。这个过程必须包含初始化、预操作、操作和停止这四个状态。

在 CANopen 通信协议中，状态之间的转换是通过向设备发出一段 NMT 通信对象来实现的。这里就需要引入对象字典的概念。对象字典（object dictionary，OD，是 CANopen 协议最为核心的概念，就是一个有序的对象组）是一个索引为 16 位的变量数组，每个变量还设定了一个 8 位的子索引值，从而能更方便地访问数据结构中的元素。这些变量对于配置设备并反映其环境状态，如包含测量数据等，具有重要作用。将状态机设置为操作状态后，设备的应用程序部分执行设备所需的功能。其中，应用程序是通过对象字典中的变量进行配置的，数据的发送和接收是通过通信层完成的。

2.4.1 对象字典

每个 CANopen 设备都必须支持一个对象字典，该字典用于配置设备并与设备进行通信。对象字典中的对象（entry）一般为：

- 索引，在字典中，对应对象的 16 位地址。
- 对象名称（对象的类型 / 大小），描述条目中对象的符号类型，例如数组、记录或简单变量。
- 名称，一段描述条目的字符串。
- 类型，给出变量的数据类型（或数组中所有变量的数据类型）。
- 属性，提供了该条目的访问权限信息，可以是读 / 写、只读或只写。
- 强制性 / 选择性字段（M/O），定义了该符合规范的设备是否必须实现该对象字段。

对象字典值的基本数据由多种类型的数据组成，一般有布尔值、整数和浮点数等，这些数据在标准中都有定义（它们的字节大小可以选择性地存储在相关定义的类型中，索引范围为 0×0001 ~ 0×001F），还有复合数据类型，如字符串、数组和记录（定义的索引范围为 0×0040 ~ 0×025F）。复合数据类型还可以用一个 8 位索引进行子索引；数组或记录的子索引 0 中的值来表示某个数据结构中的元素数量，这种数据类型被称为 UNSIGNED8 型。

2.4.2 配置文件族

CANopen 给基于 CAN 的分布式自动化工业系统定义了一个标准化的应用。在这个应用中，CANopen 的配置文件族都是基于"通信配置文件"的标准，它规定了基本的通信机制和描述设备功能的标准化形式。

数字信号和模拟信号 I/O 模块、驱动器、操作设备、传感器或可编程控制器等都是自动驾驶领域中最重要的设备类型，这些设备都遵循所谓的"设备配置文件"标准进行描述。设备配置文件规定了相应类型标准的设备的功能、参数和数据等信息。当前的趋势是，所有设备的配置文件都是基于标准化的配置文件，不同制造商的设备可以使用完全相同的方式进行总线访问。因此，不同制造商的设备是可以互相操作和互相交换的。

CANopen 标准的关键部分是通过"对象字典"（OD）来描述设备的功能。一般来说，对象字典分为两个部分。第一部分包含一般的设备信息，如设备标识、制造商名称，以及通信参数等。第二部分描述具体的设备功能。简单来说，就是通过一个 16 位的索引和一个 8 位的子索引来确定对象字典中的一个条目（"对象"）。对象字典中的条目提供对设备"应用对象"的标准化访问，例如输入和输出信号、设备参数、设备功能或网络变量等。

通常情况下，可以使用 ASCII 格式的"电子数据表"（EDS）来描述 CANopen 设备的功能和特性。EDS 可以被视为一种模板，其主要工作是描述设备的所有数据和特性，通常可以通过网络访问。实际设备的设置是通过"设备构造文件"（DCF）来描述的。EDS 和 DCF 都能以数据文件的形式提供，它可以从互联网上直接下载或存储在设备内。

2.4.3 数据传输和网络管理

与其他现场总线系统（是一种连接智能现场设备和自动化系统的全数字、双向、多站的通信系统）类似，CANopen 也区分了两种基本的数据传输机制：一种是通过"服务数据对象"（SDO）访问对象字典的条目，另一种是通过"过程数据对象"（PDO）交换过程数据。PDO 根据生产者-消费者原则，并以广播消息的形式进行传输，可以由事件触发，循环传输，或由节点请求触发，并且不需要任何额外的协议开销（协议本身的 IP 报文头等内容，需要占用一定的长度，用以标识该种协议、报文内各个字段的含义等信息）。简而言之，PDO 是一种单向传输，不需要接收节点回应报文进行确认。但是一个 PDO 的传输数据最大长度只能为 8 个字节，在传输数据大小上有一定限制。

当该同步消息（同步 PDO）与其他同步 PDO 链接的时候，PDO 的传输和接收可以在整个网络中同步。应用对象到 PDO 数据字段的映射，可以通过一个被称为"PDO 映射"的数据结构进行配置，该结构被存储在对象字典中。通过该结构，可以根据应用的特定要求来对设备进行动态配置。

通过 SDO 通道传输数据是在两个节点之间以客户端-服务器的方式进行的。通过提供条目的索引和子索引来完成对象字典条目的寻址。该机制在传输的信息量上较有优势，传输的信息可以有非常大的长度。但是，如果传输的 SDO 消息超过 8 个字节，就会涉及额外的分段协议开销。"紧急信息"是一种高优先级的标准化事件，用于报告设备故障。此时，可以通过系统时间消息提供一个共同的系统时间，以便记录故障的相关信息。

目前，网络管理（NMT）的功能，如控制和监测总线上节点的通信状态，主要由 NMT 设施完成。这是根据逻辑上的主从关系配置的。这两个用于节点监控的机制["节点保护"和"心跳消息"（heartbeat message，是一种发送源发送到接收方的消息，这种消息可以让接收方确定发送源是否以及何时出现故障或终止）]通常被交替着使用。分配 CAN 消息的方式可以通过直接修改对象字典数据结构中的标识符来完成，以将 CAN 消息标识符分配给 PDO 和 SDO。对于简单的系统结构，可以直接使用预定义的标识符来达到相同的目的。此外，除了设备配置文件，还有一些特定的兴趣小组开发的各种特定的应用程序的配置文件可供使用。各种制造商通过基于 CANopen 的设备、配置和测试的工具以及经过认证的 CANopen 协议栈（又称协议堆叠，是计算机网络协议套件的一个具体的软件实现）来支持 CANopen 运行。

2.4.4　通信模型

CAN 总线作为 CANopen 的数据链路层，只能传输一个由 11 位标识符、远程传输请求位（RTR）和 0 ～ 8 个字节的数据组成的短包数据。根据 CANopen 的标准，11 位 CAN 帧标识符被分为 4 位功能码和 7 位 CANopen 节点 ID。这个规定将 CANopen 网络中的设备数量限制在 127 个（0 通常被保留用于广播）。虽然 CAN 总线标准（CAN 2.0 B）允许 29 位扩展帧标识符，但在实践中，CANopen 网络传输数据一般都比较小，而大到需要使用扩展标识符范围的情况很少见。在 CANopen 中，一个 CAN 帧的 11 位标识符被称为通信对象标识符或 COB-ID。当发生传输冲突时，CAN 总线会启用总线仲裁机制，该仲裁机制允许具有最小标识符的帧优先传输，并且没有延迟。所以在实际使用时，一般使用较低的代码号来实现校对时间等关键功能，从而可以尽可能地降低延迟并保持稳定。

在 CANopen 节点之间的消息传递中使用了不同类型的通信模型。在主从关系中，一个 CANopen 节点被指定为主节点，它可以向从节点发送或请求数据。NMT 协议是一个主从通信模型的典型例子。客户端-服务器关系在 SDO 协议中得到实现，其中 SDO 客户端将数据（对象字典索引和子索引）发送到 SDO 服务器，SDO 服务器通过一个或多个包含所请求数据的 SDO 包进行回复（给定索引处对象字典的内容），数据包包含请求数据（给定索引处对象字典的内容）。生产者-消费者模型被用于心跳（heartbeat）和节点守护（node guarding）协议中。在生产者-消费者的推送模式（信息推送模式是由信源主动将信息推送给用户的一种方式，如电台广播）中，生产者向消费者发送数据而无须特定的请求，而在拉动模式中，消费者必须向生产者请求数据。

2.4.5　CANopen 节点（CANopenNode）

CANopenNode 是一款免费且开源的 CANopen Stack，它使用面向对象的 ANSI C 语言编写而成[6]。CANopen Stack 可以在不同的微控制器上作为一个独立的应用程序运行，也可以在实时操作系统上运行。CANopenNode 堆栈包括主节点功能。

CANopenNode 实现了以下 CANopen 的功能：

- NMT 从节点可以启动、停止和重置设备；简单的 NMT 主节点。
- 心跳协议（heartbeat protocol）是用来监控生产者-消费者网络中的节点及确认其是否正常工作。
- 过程数据对象（PDO）协议用于连接和动态映射，可在许多节点之间快速交换过程变量。
- 服务数据对象（SDO）可用来存取远端节点的对象字典，读取或设定其中的数据。SDO 也支援长数据包的分割（segmentation）和合并（desegmentation）。SDO 能够快速访问所有参数的加急传输、分段传输和块传输。
- SDO 主节点。
- 有紧急情况会发出消息。
- 同步生产者-消费者的数据。
- 非易失性存储（存储器所存储的信息在电源关掉之后依然能长时间存在，不易丢失）。

但是，CANopenNode 本身不具备任何微控制器的完整可工作代码。它只是一个库，包含不同微控制器的堆栈和驱动程序。CANopenNode 包含示例代码，这些代码在任何带有模板驱动程序的系统上都可以进行编译，但实际上，模板驱动程序并不是访问 CAN 的硬件，而应是 CANopenNode 作为一个 Git 子模块（Git 子模块指向子存储库上的特定提交），包含在一个具有特定硬件和特定应用程序的项目中。

图 2.4 显示了一个典型的 CANopenNode 实现的流程图：当程序启动时，它调用 CANopen init，并产生了多个线程。CAN 接收线程监听任何 CAN 消息，并通过处理消息和复制数据到目标 CANopen 对象来提供快速响应。定时器间隔线程是一个实时线程，它每隔 1ms 就被唤醒一次，来处理对象字典的输入和输出。主线程通过调用相应的应用程序代码来处理耗时任务。

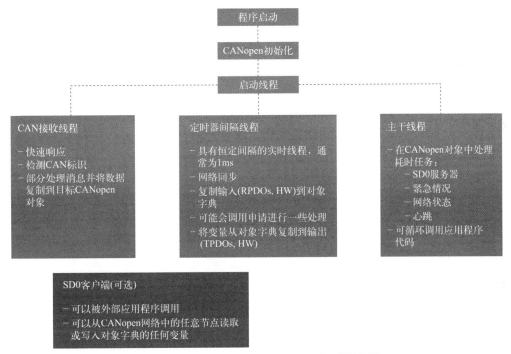

图 2.4　一个典型的 CANopenNode 实现的流程图

参考文献

[1] National Instruments (2017). Controller Area Network (CAN) Tutorial. http://download. ni.com/pub/devzone/tut/can_tutorial.pdf (accessed 1October 2018).

[2] Contemporary Controls (2017). CAN Tutorial. https://www.ccontrols.com/pdf/CANtutorial. pdf (accessed 1 October 2018).

[3] National Instruments (2017). FlexRay Automotive Communication Bus Overview. http://www.ni.com/white-paper/3352/en (accessed 1 October 2018).

[4] Forsberg A, Hedberg J (2012). Comparison of FlexRay and CAN-bus for real-time communication. IEEE Transactions on Industrial Electronics 58 (3).

[5] CAN in Automation (2017). CANopen. https://www.can-cia.org/canopen (accessed 1 October 2019).

[6] GitHub (2019). CANopenNode. https://github.com/CANopenNode/CANopenNode (accessed 1 October 2019).

3

智能机器人和自动驾驶车辆的底盘技术

3.1 简介

如图 3.1 所示，底盘执行指令是由规划和控制模块决策后通过 CAN 总线发出的，这也是智能机器人和自动驾驶车辆与外界直接交互的"物理实体"。本章我们将介绍智能机器人和自动驾驶车辆的底盘技术。整个章会分为三个部分，首先，我们会简要地介绍构建自动驾驶车

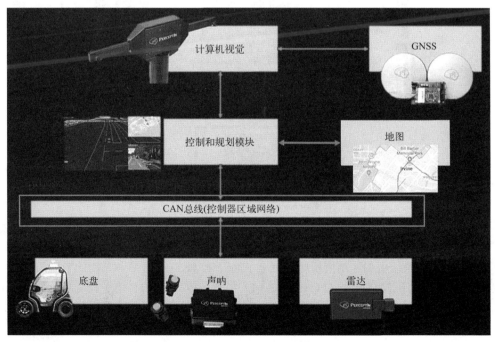

图 3.1　模块化设计架构

辆和智能机器人所需要的基本底盘技术，特别是线控驱动技术。线控驱动技术指的是取代传统机械控制的电子系统[1]，线控技术不使用电缆、液压或者其他方式来为驾驶员就车辆速度或方向提供直接的、物理层面的控制，而是使用电子控制来激活刹车、控制转向和对其他机械系统进行操作。通常来说，现代智能汽车中三个主要的车辆控制系统已经被电子控制所取代：电子油门控制系统、线控刹车系统和线控转向系统。

其次，我们介绍两个开源项目：the Open Source Car Control（OSCC）和 OpenCaret[2,3]。OSCC 作为一个兼具软件和硬件功能的开源项目，能够以更加智能的方法完成对汽车的控制，从而进一步促进自动驾驶汽车技术的发展。该项目采用了模块化的设计思路，从而保证了项目的稳定运行，并通过使用软件将汽车的通信网络和控制系统相连接。OpenCaret 项目是建立在上述 OSCC 项目上的，该项目能够实现现代智能汽车 L3 级别的自动驾驶系统。后续的内容中，本书将会向读者展示一个将起亚 Soul EV 型号车辆底盘改装为自动驾驶车辆底盘的详细信息。

本章的最后，我们将会向读者展示一个详细的自动驾驶底盘改造案例——基于 PerceptIn 自动驾驶车辆的底盘软件适配改造。在该项目中，作者为不同的底盘提供了一个抽象层，因此底盘制造商可以轻松将 PerceptIn 的自动驾驶技术栈与它们自身的底盘结合，从而快速地将传统车辆底盘转变成自动驾驶汽车的车辆底盘。

3.2　线控节流阀

与传统的油门控制系统不同，现代的汽车控制系统使用了一系列电子传感器和执行器，而传统的油门控制系统是通过机械电缆将加速踏板与油门连接在一起。如图 3.2 所示。

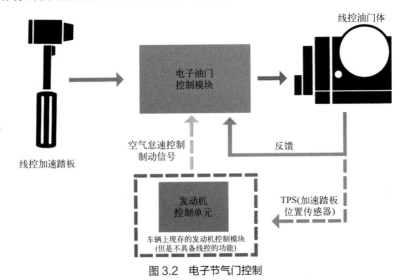

图 3.2　电子节气门控制

使用电子油门控制（ETC）的车辆会通过加速踏板发出信号，使机电执行器打开油门。一般的典型 ETC 系统由加速踏板模块、由电子油门体（ETB）开启和关闭的节流阀、动力系统控制模块或发动机控制模块（PCM 或 ECM）组成。ECM 是一种电子控制单元（electronic control unit），它是一种嵌入式系统，通过计算其他传感器（包括加速踏板位置传感器、发动机转速传感器、车辆速度传感器和巡航控制开关）测量到的数据，利用软件来确定所需的油门位置。然后通过 ECM 内部的闭环控制算法，利用电机将节流阀打开到所需的角度。节流阀是 ETB 的一部分，在配备节流阀控制器传感器的车辆上，节流阀的开度是根据加速踏板被踩的程度来确定的。

3.3 线控制动技术

线控制动系统主要分为以下两类系统：电子液压制动系统和电子机械制动系统。这两个系统在设计的时候都会考虑到故障安全问题。传统的液压制动系统由一个主缸和几个副缸构成，当司机踩下制动踏板时，司机对踏板施加的压力会被传递到主缸上。在大多数情况下，这一压力会通过真空或液压制动助力器进行放大，然后该压力会通过制动管路被传递到制动卡钳（brake calipers）或车轮制动分泵缸（wheel cylinders）上，以实现汽车的制动。

防抱死制动系统（anti-lock brake systems，ABS）是现代线控制动系统技术的雏形，因为该技术可以让汽车在没有驾驶员控制的情况下自动控制车辆制动器。汽车通过一个电子执行器来控制液压制动器（hydraulic brakes）以实现防抱死功能，汽车的一些其他的安全技术也是基于这一原理。

电子稳定控制系统（electronic stability control system）、牵引力控制系统（traction control system）和自动制动系统（automatic braking system）都依赖于防抱死制动系统，同时上述的这些系统均属于线性制动系统的外部功能。使用液压制动技术的车辆，其车轮刹车卡钳仍然是通过液压驱动的，但是这些刹车卡钳并不与主缸直接相连接（主缸需要由制动踏板驱动）。当车辆需要制动时，操作者踩下制动踏板就会驱动一个或一系列传感器完成车辆的制动。

制动时，控制单元会根据传感器的信号来决定每个车轮所需的制动力，并根据需要来激活液压刹车卡钳。在机电制动系统中没有液压元件，这类线性制动系统仍然使用传感器来确定车轮所需要的制动力的大小，但是这种制动力并不是通过液压系统来传递的，而是通过电子执行器来驱动每个车轮上的制动器，从而来提供合适的制动力。

3.4 线控转向技术

目前，绝大多数汽车都配备了齿条装置或者蜗杆齿扇式转换器，这些装置与方向盘之间直接相连。当操作者转动方向盘时，齿轮齿条装置或转向器也会随之转动。其中齿轮齿条装置可以通过拉杆向球形接头施加扭矩，而转向器可以通过转向臂来移动转向连杆，进而控制汽车的转向。然而，在很多配备了线控转向技术的现代汽车中，方向盘与轮胎之间并没有实质性的物理结构将两者连接。事实上，从技术层面来讲，线控转向系统即使不使用方向盘也可以对汽车进行转向控制。在实际使用时，方向盘更多的是通过转向路感模拟器向驾驶员提供一个转向反馈。驾驶员对方向盘的动作被 ECUs 检测到后，ECUs 用检测到的动作信息驱动电动机的转速，进而达到控制车辆转向的目的。

3.5 Open Source Car Control 项目

想要更好地了解和学习智能机器人和自动驾驶汽车中的线性驱动技术，OSCC（open

source car control）项目可以说是一个不错的出发点。OSCC 项目作为一个兼具软件和硬件功能的开源项目，能够使用计算机控制现代智能汽车的运行。可以说，该项目很大程度上促进了自动驾驶汽车技术的快速发展。该项目采用了模块化的设计思路，从而保证了项目的稳定性以及可扩展性，并通过软件将汽车的通信网络和控制系统相连接。

3.5.1 OSCC APIs

CAN 通道的控制。

```
oscc_result_t oscc_open (uint channel);
oscc_result_t oscc_close (uint channel);
```

这段代码分别是 OSCC 项目的开始和结束语句。其中，oscc_open() 语句会在指定的 CAN 通道中打开一个套接字，这样 OSCC 就可以快速地与固件模块进行通信。而 oscc_close() 则可以关闭指定通道中的连接。

OSCC 模块的启动和关闭。

```
oscc_result_t oscc_enable (void);
oscc_result_t oscc_disable (void);
```

在初始化 CAN 和固件模块之间的连接后，可以使用如上所示的方法来开启和关闭该系统。这些方法可以让应用程序决定向固件发送命令的时机。实际上，应用程序只能在系统启动时发送命令，但是可以随时接收来自固件的信息。

对应模块控制命令的发布。

```
oscc_result_t publish_brake_position(double normalized_position);
oscc_result_t publish_steering_torque(double normalized_torque);
oscc_result_t publish_throttle_position(double normalized_position);
```

上述命令会向指定固件模块发送一个双重值。比如刹车和油门模块接收到的双重值可能为[0.0,1.0]，其中，0.0 表示关闭刹车，1.0 表示油门打开；转向的双重值为[−1.0,1.0]，其中，−1.0 表示逆时针转向，1.0 表示顺时针转向。有时为了让汽车达到需要的状态，API 还会构建合适的值作为"欺骗电压值"发送到汽车固件模块中。出于安全性考虑，API 还会对值进行安全性检查，以保证发送出的电压值不会超过汽车电压范围。

OSSC 报告和车载诊断信息（OBD）的处理——回调函数。

```
oscc_result_t subscribe_to_brake_reports(void(*callback)(oscc_brake_report_s *report));
oscc_result_t subscribe_to_steering_reports(void(*callback)(oscc_steering_report_s *report));
oscc_result_t subscribe_to_throttle_reports(void(*callback)(oscc_throttle_report_s *report));
oscc_result_t subscribe_to_fault_reports(void(*callback)(oscc_fault_report_s *report));
oscc_result_t subscribe_to_obd_messages(void(*callback)(struct can_frame *frame));
```

应用程序需要在 OSCC 的 API 中注册一个回调函数以接收各个模块的信息。当该回调函数接收到来自 API 套接字连接中的消息时，它就会将该消息发送给应用程序。

3.5.2 硬件机构

OSCC 项目以 2014 年的 Kia（起亚）Soul 车型作为基础进行改装，该车辆配备有线控转向技术和线控油门技术，因此该车辆的转向和油门系统的执行器是配备了电子控制系统的，从而我们可以通过对这些系统进行电子控制，从而获得车辆执行器的完全控制。

但是，该车辆并没有配备电控的刹车，因此我们必须再增加一个线控刹车系统。为了有效控制刹车时的力度，可以在起亚车辆的刹车系统中内嵌一个刹车执行器。为了实现 Kia Soul 车辆有效的横纵向控制，需要对转向系统、油门系统、刹车系统这三个系统进行控制，将这三个控制系统与现有的汽车 CAN 总线相连接，并为额外的微处理器和新的执行器件进行供电。本节中给车辆构建的新的控制模块都是以 Arduino 控制器为微处理器来完成设计和构建的。下面我们来介绍一些主要的汽车硬件.

硬件网关（hardware gateway）：Kia Soul 汽车上存在着很多不同的 CAN 总线。其中，OBD-Ⅱ CAN 总线包含了车辆状况信息，例如方向盘旋转的角度、汽车轮胎的转速和制动压力。这类消息经常被作为比例-积分-微分控制（PID）和路径规划算法的输入。不同于传统车辆的共享车辆 OBD-Ⅱ 总线可能产生干扰车辆的本地信息等问题，OSCC 项目选择拥有一条独立的 CAN 总线，该总线一般被称为控制 CAN 总线，汽车的控制命令与状态报告的发送和接收操作都会在控制 CAN 总线中进行。CAN 网关在车辆本地 OBD-Ⅱ 总线和控制 CAN 总线之间架起了一座桥梁，并将相关的 OBD-Ⅱ 信息从 OBD-Ⅱ 总线转发到控制 CAN 总线。这样一来，订阅了 OBD 信息的应用程序就可以使用这些信息。虽然 CAN 网关连接着控制 CAN 总线和 OBD-Ⅱ CAN 总线，但是 CAN 消息的发布流向却是单向的，即只能从 OBD-Ⅱ CAN 总线流向控制 CAN 总线。

转向机构（hardware steering）：Kia Soul 汽车的转向系统是一个电动辅助转向(EPAS)系统。整个转向杆由一个大电流直流电机和一个扭矩传感器构成。其中扭矩传感器会测量方向盘上所受力的大小和方向，并向 EPAS 微处理器输出模拟信号，最终由微处理器对电机进行控制，从而"协助"车辆完成转向。

油门机构（hardware throttle）：Kia Soul 的油门系统是一个 ETC 系统，油门体（throttle body）与油门之间并不是通过机械电缆连接的，而是通过一个位置传感器，将油门与一个电动节流阀相连接。我们可以通过移除加速踏板位置传感器（APS）的输入并将虚假的位置值传入 ETC 微处理器中来实现 ETC 系统的控制，因为踏板位置传感器使用了冗余位置传感器（一般踏板都包含两个位置传感器并采用冗余控制），且这两个传感器输出的都是模拟信号。

刹车机构（hardware brake）：遗憾的是，起亚 Soul 的制动系统采用的仍是传统的机械系统。按照工厂制造标准，起亚 Soul 是不具备电子控制制动能力的。虽然之后有一些型号的车辆配备了电控制动系统，例如，以 2004～2009 年间丰田出产的 Prius 车型为代表，这种车型配备了电子控制的执行器，但是缺少配套的微处理器，而是由汽车的 ECU 进行控制。我们所设计的电子刹车制动装置中配有 7 个压力传感器（pressure sensors），10 个比例螺线管（proportional solenoids），1 个蓄能器（accumulator），1 个刹车泵（pump），1 个诊断部件（diagnostics components）和 1 个泄压阀。这些元件可以在汽车废品回收站购买，并且可以直接安装到现有的 Kia 制动系统中，而不用担心会对原有的制动系统带来不良影响。这样就可以为整辆车增加线控制动系统。

3.5.3 固件

制动固件的功能如下：读取制动踏板传感器中的数值并发送其状态报告，另外，还可以从控制 CAN 总线中接收制动命令和故障报告。当制动固件收到制动命令时，制动固件会向 ECU 发送一个虚假的高低位信号以表示制动请求。当制动固件接收到故障报告时，其将禁用制动模块。

转向固件的功能如下：读取扭矩传感器中的数值并发送其状态报告，另外，还可以从控制 CAN 总线中接收转向命令和故障报告。当转向固件收到转向命令信息时，转向固件会向 EPAS ECU 发送一个虚假的高低位信号以表示转向请求。当转向固件接收到故障报告时，将会禁用转向模块。

油门固件的功能如下：读取 APS 中的数值并发送其状态报告，另外，还可以从控制 CAN 总线中接收油门命令和故障报告。当油门固件收到油门控制命令信息时，油门固件会向 ECU 发送一个虚假的高低位信号以表示节流阀开度请求（汽油发动机通过进气量的多少来控制发动机喷油量进而控制动力输出。加速踏板踩下的深度决定了节流阀的开度，节流阀开度影响着发动机的进气量，进气越多，喷油量越多，动力越强）。当油门阀固件接收到故障报告时，其将禁用节流阀模块。

3.6　OpenCaret

OpenCaret 构建于 OSCC 项目之上，为现代智能汽车实现 L3 级的高速公路自动驾驶系统提供了便捷的平台[3]。尤其在这个项目当中包含了如何将 Kia Soul EV 型号的传统车辆转换为线控驾驶底盘的详细操作步骤，相关的内容将会在本节中详细介绍。

3.6.1　OSCC 节流阀

踏板位置传感器使用两个输出模拟信号的冗余位置传感器。传感器位置值的量程与从"闭合节流阀"到"打开节流阀"所对应的节流阀位置范围相关。通过注入两个虚假的位置传感器值，就可以实现对油门的控制。Kia ECU 通过检测来自传感器的模拟信号中的不连续点来实现对加速踏板位置传感器的故障检测。如果检测到的模拟信号出现任何不连续，那么汽车将进入故障状态，此状态下汽车加速踏板对节流阀的映射将大大减少。为了克服这个问题，新的节流阀微处理器将在感知虚假的位置值之前，在传感器位置值和虚假位置值之间进行插值。我们使用一个继电器来切换 ETC 微处理器从踏板位置传感器和虚假位置感知到的输入，改造步骤如下。

- 第一步：找到加速踏板位置传感器。
- 第二步：断开踏板位置传感器，连接节流阀电缆。
- 第三步：将动力单元与紧急刹车电源总线相连接。
- 第四步：将模块与网关模块控制 CAN 总线相连接。

3.6.2　OSCC 制动

Kia Soul EV 电动汽车的刹车模块由两部分组成，第一部分是信号欺骗，第二部分是刹车灯开关。为了修改刹车踏板，我们需要断开刹车踏板位置传感器和刹车灯开关之间的连接。

安装：车辆控制模块（VCM）可以控制位置传感器的开关状态（该传感器用于控制汽车的刹车）和刹车灯开关继电器的常开（NO）和常闭（NC）。

- 第一步：拆卸制动踏板位置传感器和刹车灯开关。
- 第二步：为踏板位置传感器和刹车灯开关安装 VCM 连接器。

3.6.3　OSCC 转向

　　我们可以通过移除输入 EPAS 微处理器的扭矩传感器信息并注入虚假的扭矩信息来控制 EPAS 电机。Kia Soul 汽车的 ECU 通过检测来自传感器的模拟信号中的不连续点来实现对扭矩传感器的故障检测。如果检测的模拟信号出现任何不连续现象，汽车就会进入故障状态，此状态下动力转向系统会被禁用。为了克服这一问题，新的扭矩欺骗微处理器在感知到虚假信号之前，会在扭矩传感器值和虚假扭矩值之间进行插值。我们使用一个继电器来切换 EPAS 微处理器从原始扭矩传感器和虚假的扭矩感知到的输入。图 3.3 所示为 Kia Soul 线控驱动转向系统。

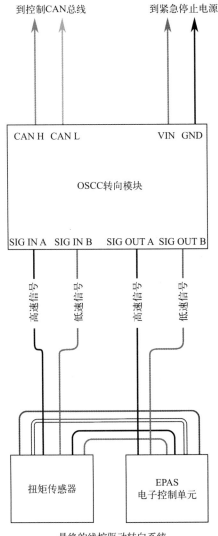

最终的线控驱动转向系统

图 3.3　Kia Soul 线控驱动转向系统

（CAN H：高速 CAN 信号；CAN L：低速 CAN 信号；VIN：电压输入端；GND：接地（公共端）；SIG IN A：A 端信号输入；SIG IN B：B 端信号输入；SIG OUT A：A 端信号输出；SIG OUT B：B 端信号输出）

3.7 以PerceptIn自动驾驶汽车底盘为例的软件适配层

我们将在本节以作者公司——PerceptIn的底盘软件适配层为例,深入讨论PerceptIn的智能汽车是如何管理不同车辆底盘的适配以及不同底盘之间的信息交互的[4]。PerceptIn自动驾驶汽车底盘的软件适配层具体架构如图3.4所示。需要注意的是,在图中显示,规划和控制模块所生成的控制命令会直接与底盘进行交互,并直接发送到底盘模块去执行。此外,还有一些被动感知模块也可以直接与底盘模块进行双向的交互,例如声呐传感器和雷达传感器。

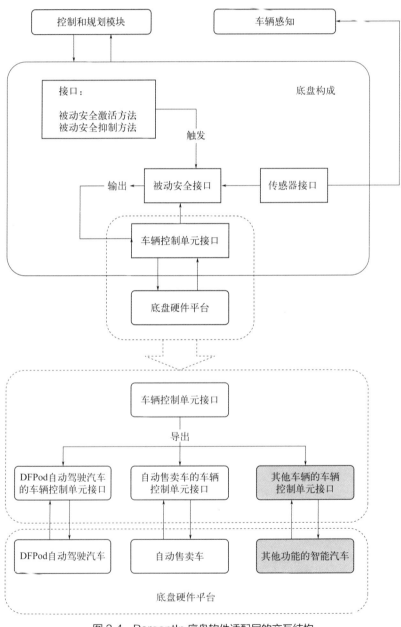

图3.4 PerceptIn底盘软件适配层的交互结构

从图 3.4 中可以看到，该底盘模块的核心由以下三个部分组成。

车辆控制单元接口（vehicle control unit）：该接口为不同的车辆底盘平台提供了抽象类。因此，在开发过程中，开发人员没有必要完全理解 CAN 通信协议的具体细节。实际上，当开发者想要构建一个新的车辆底盘平台时，他 / 她只需要从车辆控制单元虚拟接口中派生出一个新的类即可以实现其核心功能。

传感器接口（sensors）：该接口为连接到 CAN 总线上的传感器提供了抽象。该接口主要面向的是雷达传感器、声呐传感器这类被动式的感知传感器。所以，开发人员可以不需要深入了解这些传感器的具体工作原理即可通过该接口轻松地获取各类被动式的传感器数据。

被动安全接口（passive safety）：开发人员可以在接口中实现并调整汽车被动感知的逻辑。例如，当雷达或者声呐探测到前方 2m 处存在障碍物时，开发者需要让车辆自动停止，这种情况下，开发人员就需要从传感器接口中及时获取被动感知传感器的数据，并在被动安全接口中实现避障或停车的功能。

传感器的硬件连接配置如图 3.5 所示。图中将复杂的各类线路简化成只有两条 CAN 总线的配置，其中 CAN1 总线用于连接底盘平台，而 CAN2 总线则与被动感知传感器连接。这两条 CAN 总线通过一个 CAN 接口卡与控制计算机连接。如果设计者想要将所有的传感器和底盘都通过同一条 CAN 总线相连接也是可行的，但是设计者必须和底盘供应商就 CAN 接口的使用达成一致。

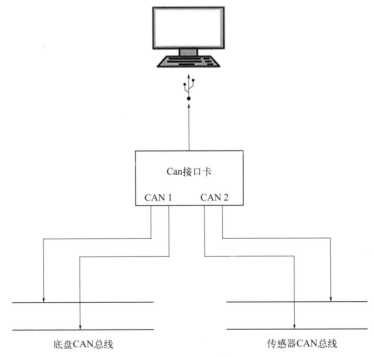

图 3.5　CAN 总线连接配置

DragonFlyPod 自动驾驶汽车的软件接口配置如图 3.6 所示。每当设计人员需要实现一个新的底盘平台时，我们都需要实现车辆控制单元接口及其内部的一些基本功能，例如：速度设置（SetSpeed）、制动请求（SetBrake）、角度设置（SetAngle）、速度获取（GetSpeed）、制动状态获取（GetBrake）、角度获取（GetAngle）等。需要注意的是，在规划和控制模块与底盘进行交互时，以下这些函数承担着最基本的功能。

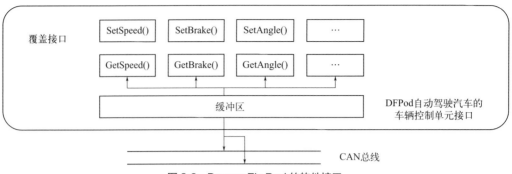

图 3.6　DragonFly Pod 的软件接口

软件接口的定义如下所示：

```
// error code definitions
enum ErrCode {
OK = 1,
CAN_ERR = -1,
BOUND_ERR = -2,
TIME_OUT =-3
}

ErrCode SetSpeed (float val)
// this function sets the current speed of the chassis

ErrCode SetBrake (float val)
// this function sets the brake value, ranging from 0 to 100, with 100 being the strongest brake.
ErrCode SetSteeringAngle (float val)
// this function sets the steering angle, with positive being left, and negative being right.
float GetSpeed ()
// this function gets the current speed of the chassis.

float GetBrake ()
// this function gets the current brake value

float GetSteeringAngle ()
// this function gets the current steering angle

// the following data structure defines how we store chassis status
ChassisData {
float speed;
float angle;
float brake;
}

boost::signal2::connection SubscribeToChassisData(void(ChassisData&) call_back)
// this function subscribes chassis data so that every time there is an update from the
chassis, the subscriber will receive a notification
```

参考文献

[1] YouTube (2012). Nissan drive by wire. https://www.youtube.com/watch?v= MH7e5aUDWYY&feature=youtu.be (accessed 1 November 2018).

[2] GitHub (2017). Open Source Car Control. https://github.com/PolySync/oscc (accessed 1 October 2018).

[3] GitHub (2018). Drive by Wire Installation. https://github.com/frk2/opencaret/wiki/ Drive-by-wire-Installation (accessed 1 October 2018).

[4] PerceptIn (2017). PerceptIn DragonFly Pod. https://www.perceptin.io/products (accessed 1 November 2018).

4

声呐和毫米波雷达
的被动感知

4.1　简介

　　在自动驾驶系统中，通常存在两种不同的感知系统：主动感知以及被动感知。在主动感知的定义中，检测到的障碍物会被主动发送给规划和控制模块用于辅助决策，然后规划和控制模块会依据感知到的环境给出一系列指令以控制无人驾驶车辆。而作为被动感知，该方案意味着当检测到障碍物后，原始数据不会被送入规划和控制模块进行决策，相反，原始数据会通过控制器区域网络（CAN）总线直接发送到底盘，以便快速地对突发情况做出决策。被动感知通过 CAN 总线直接连接到底盘，这其实只需要在底盘上添加一个简单的决策模块，当车辆检测到安全距离内存在障碍物时停止车辆。这也符合我们自动驾驶的初衷，即在发生紧急情况时，尽快制动车辆，而不是通过完整的决策流程才将信息发送给底盘，这也是保证乘客以及行人安全的最佳方式。

　　因此，在我们的模块化设计架构中，有三层保护：首先是计算机视觉（主动感知），主要用于远距离障碍物探测；然后是毫米波（mmWave）雷达，主要用于中距离障碍物探测；最后是声呐传感器，主要用于短距离障碍物探测。这些传感器的作用其实取决于你如何设计自动驾驶感知系统，比如说毫米波雷达也可以帮助主动感知。如图 4.1 所示，可以采用毫米波雷达和声呐传感器进行被动感知。在本章中，我们首先介绍毫米波雷达技术的基本原理，然后解释如何利用毫米波雷达和声呐传感器来部署自动驾驶中的被动感知。

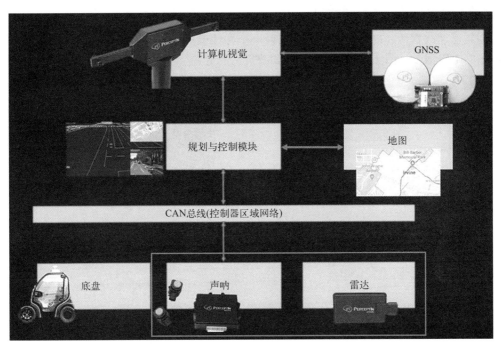

图 4.1　模块化设计架构

4.2　毫米波雷达的基本原理

毫米波雷达是雷达技术的特殊类别，通过短波长的电磁波完成对物体的检测[1]。这一小节将介绍毫米波雷达的基本原理；如果想要了解更完整和全面的信息，可见参考文献[2]。

简而言之，雷达传感器向视场角范围内发射电磁波信号，并在碰撞到路径上的物体后反射回来。雷达传感器通过捕捉反射的信号，即可确定物体的范围、速度以及物体的角度。

顾名思义，我们这一节讲到的毫米波雷达，其信号的波长会在毫米范围内，这个尺度的波长在电磁波谱中通常被认为是短波长。短波长的传感器在实际应用中有着比较明显的优势，一个优点是，短波长可以相应地将系统组件的尺寸做得很小，例如处理毫米波信号所需的天线；另一个优点是精确度高，一个工作在 76 ~ 81GHz 的毫米波系统，其相应的波长约为 4mm，这也代表该传感器有能力探测到几分之一毫米的运动，大大提升了检测的精度。

一个完整的毫米波雷达系统包含发射（TX）、接收（RX）和射频（RF）这三种通用基础组件，能够处理模拟信号的组件，如时钟，以及能够转换处理数字信号的组件，如模数转换器（ADCs）、微控制器单元（MCUs）和数字信号处理器（DSPs）。

此外，还有一类特殊的毫米波技术被称为调频连续波（FMCW）。顾名思义，使用调频连续波技术的雷达可以连续发射频率调制信号以测量范围内物体的距离以及角度和速度等信息[3]。

4.2.1　距离测量

对于雷达系统而言，其基本原理就是雷达传感器会主动发射一束电磁信号，在碰撞到物体后，电磁信号会沿着原路发生反射。对于调频连续波雷达，其信号频率随时间线性增加，这种类型的信号被称为"线性调频（chirp）"。

调频连续波雷达（FMCW）系统会发射一个线性调频信号，并捕捉碰撞到物体后原路反射回来的电磁信号。图 4.2 为一个调频连续波雷达的射频（RF）部件的简化框图。

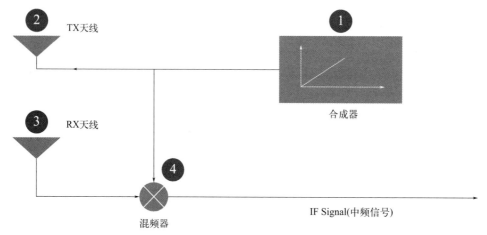

图 4.2　FMCW 雷达框图

接下来我们需要注意几个细节：

① 每一个合成器（synthesizer）都会产生一个线性调频信号（chirp）。

② 该线性调频信号（chirp）会由发射天线（TX ant）发射。

③ 当线性调频信号碰撞到一个物体并发生反射后，会产生一个反射的线性调频信号，该信号由接收天线（RX ant）捕获。

④ 混频器（mixer）会将 RX 和 TX 信号结合起来，产生一个中频信号（IF signal）。其中，混频器是一个电子元件，它的作用是将两个信号结合起来并输出一个新频率的新信号。

混频器的输出处会产生一个瞬时频率，其频率值等同于 TX 线性调频信号和 RX 线性调频信号的瞬时频率之差；其输出的相位值也等于 TX 线性调频信号和 RX 线性调频信号的相位之差。因此，混频器输出的初始相位即为发送线性调频信号对应时刻的 TX 线性调频信号相位与 RX 线性调频信号相位之差。通过混频器输出的相位，我们可以快速地推导出被探测物体的距离信息。

4.2.2　速度测量

对于速度的测量，调频连续波（FMCW）雷达会发射两个时间相隔 t_c 的线性调频信号（chirp）。每个反射的线性调频信号（chirp）会通过 FFT（快速傅里叶变换）处理，以检测物体可能存在的范围，这种技术被称为范围快速傅里叶变换（range-FFT）。其中，每个线性调频信号（chirp）对应的范围快速傅里叶变换（range-FFT）在相同的位置处存在峰值，但两者的相位是不同的。因此，测量两者的相位差可以计算出被探测物体的速度，即 v_c。

值得一提的是，在测量时，如果存在多个具有不同速度的运动物体，且它们与雷达之间的距离相同，那么基于两个线性调频信号（chirp）的速度测量方法就失效了。其原因是这些待测量物体均与雷达有着相同的距离，这就导致它们反射回具有相同中频频率的信号。因此，范围快速傅里叶变换（range-FFT）将只会产生一个单一的峰值，反映到现实中就代表这些物体在相同距离上均产生一个信号并叠加。在这种情况下，雷达系统必须发射两个以上的线性调频信号（chirp）来测量速度，例如发射一组等间隔的 N 个线性调频信号（chirp）。通常这一组线性调频信号（chirp）被称为线性调频帧。

4.2.3 角度测量

在上文中，我们提到调频连续波（FMCW）雷达系统也可以根据反射信号来估算出物体与水平面的夹角。角度估计的原理如下：物体距离的微小变化会导致范围快速傅里叶变换（range-FFT）峰值的相位变化，该结果可以在雷达存在两个 RX 天线的情况下进行角度估计，因为物体到每个 RX 天线的距离不同，这会导致 FFT 峰值的相位产生差异，而这个相位差异可以使我们能够估计反射信号的角度。

4.3 毫米波雷达部署

图 4.3 展示了如何将毫米波雷达传感器安装在车辆上。一般来说，毫米波雷达这类设备会被放在车辆的正前方位置，使其能够捕捉到车辆前方 15 ～ 20m 的范围（图 4.4）。当有物体闯入探测范围内，毫米波雷达可以立即检测到该物体，并将检测结果直接发送给底盘用于被动感知（passive perception），或者发送到主计算单元用于主动感知，经过处理后再发送给底盘用于规划控制。对于大多数低速的自动驾驶车辆而言，一般的制动距离小于 1m。这使得可供主动感知的探测范围在车辆的 5m 以外，而可供被动感知使用的探测范围一般则在 5m 以内。当然，这个阈值不是固定的，可以使用软件 UI 界面进行动态配置。

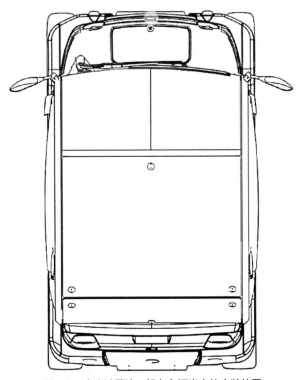

图 4.3　毫米波雷达一般在车辆当中的安装位置

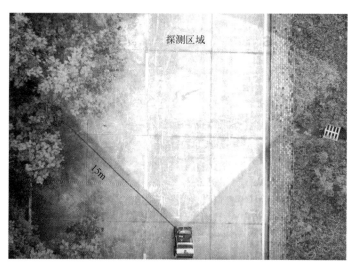

图 4.4　毫米波雷达的探测范围

图 4.5 展示了雷达的硬件连接关系。在默认情况下，雷达是直接连接到 CAN 总线上的。但是如果主计算单元没有 CAN 总线，就会需要一个 USB-CAN 的转换装置（CAN 卡）来将雷达的信息传输到 USB 设备上。此外，还需要一个电源来为雷达传感器供电。一旦雷达传感器被连接到 CAN 卡上，CAN 卡就可以将 CAN 信息转化为 USB 串口信息发送到计算机上，并开始读取探测数据。这部分难度不大，基本上在 5min 以内可以顺利配置完成。

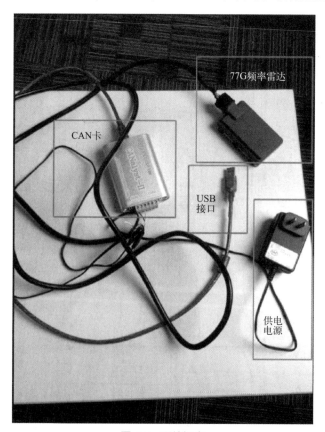

图 4.5　硬件组成

图 4.6 展示了毫米波雷达配置的用户界面（UI），该用户界面将探测到的物体以鸟瞰的形式投影到界面中。在界面上，清晰地显示了探测到的障碍物的距离以及方向。这些结果将会作为被动感知的结果发送给底盘，用于对自动驾驶车辆进行规划和控制，并促使模块能够做出智能的运动控制决策。该款 77G 频率毫米波雷达的操作演示视频可以在参考文献[4] 的链接中找到。此外，图 4.7 展示了该设备的硬件规格[5]。

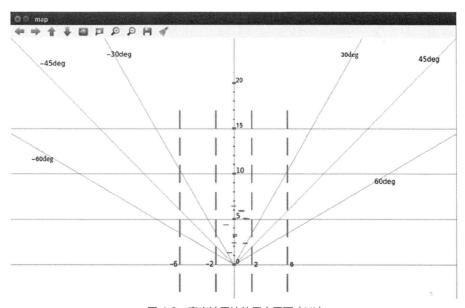

图 4.6　毫米波雷达的用户界面（UI）

- 覆盖范围	
水平视场角/(°)	120(±60)
垂直视场角/(°)	10(±5)
最大探测范围/m	30
雷达刷新频率/ms	50
最大跟踪目标	64
- 准确度	
探测范围的精度	±5%
角度分辨率/(°)	±1
- 其他参数	
DC输入电压/V	9~36
DC功率/W	<3
毫米波雷达尺寸/mm	102.5×52×28.5
输出接口	CAN(500 kbps)

图 4.7　雷达的硬件规格

下面的这个代码片段展示了毫米波雷达简单的数据结构，其中包含物体索引、物体的范围或距离、物体的径向速度、物体的径向加速度、方位角以及信号强度或者功率。同时，为了更加方便地调用雷达传感器，作者还提供了一个非常简单的软件应用程序接口（API）来捕捉雷达数据，通过直接调用软件应用程序接口（API）可以使读者快速建立自己的被动或主动感知逻辑。

```
struct MWR_Data {
int index; // object index (range: 0 ~ 63)
float Range; // usually the range is within 30 meters.
float RadialVelocity; // radial velocity
float RadialAcc; // radial acceleration
float Azimuth; // azimuth angle with clockwise direction.
float Power; // detection signal strength
MWR_Data(int i, float Rg, float RV, float RA, float Az, float Pw)
    :index(i), Range(Rg), RadialVelocity(RV), RadialAcc(RA), Azimuth(Az),
    Power(Pw) {}
};
MWRadar mwr_radar;
std::vector<MWR_Data> data; // data means the radar's data
// Read the latest 10 frame.
mwr_radar.Read(data,10)
// Read the latest frame
mwr_radar.Read(data,1)
```

4.4 声呐传感器部署

声呐传感器的原理是主动发射人类无法听到的超声波，并接收被障碍物反射回来的声波，由于在空气中声波的传播速度是恒定的，所以根据声波发出到接收到声波的时间，可以快速地计算出距离。这有点类似于上文讲的毫米波雷达发出无线电波击中物体后返回所间隔的时间。

由于原理上的不同，声呐可以探测到雷达和激光雷达（LiDAR）无法探测到的某些物体。例如，雷达或者说基于光特性的传感器，都很难正确检测出塑料、玻璃等透明的物体，但声呐传感器却可以很好地对塑料、玻璃等进行探测。而且，声呐传感器是利用超声波探测，它不会受到待检测材料颜色的影响。当然，声呐传感器也存在问题，如果一个物体是由吸音的材料制成，或者其形状能够将声波反射到远离接收器的位置，使声呐接收不到返回的超声波，那么声呐传感器的读数将是不可靠的。

可以这么说，在我们自动驾驶场景中，声呐传感器是车辆安全的最后一道防线，通过不间断的检测，保证汽车周围3m范围内的安全，从而确保底盘能够及时处理突发危险。

图4.8显示了在自动驾驶车辆上声呐的安装位置。一般来说会将声呐设备放在车辆前方的中间两侧。由于是扇形区域，声呐传感器能够快速有效地捕捉到车辆前方3～5m范围内的障碍物（图4.9）。当有物体进入声呐的探测范围内，声呐传感器可以快速探测到物体，并将检测结果直接发送给底盘用于被动感知（passive perception），这部分的声呐传感器演示视频可以参考文献[6]的链接。

图4.10展示了声呐的硬件测试装置。同样地，在默认情况下，声呐传感器也是连接到CAN总线上的，我们需要一个USB-CAN的转换装置（CAN卡）来将声呐的信息传输到USB设备上。此外，还需要一个电源来为声呐传感器供电。一旦声呐传感器被连接到CAN卡上，CAN卡就可以将CAN信息转化为USB串口信息发送到计算机上，并开始读取探测数据。这部分难度不大，基本上在5min以内可以顺利配置完成。

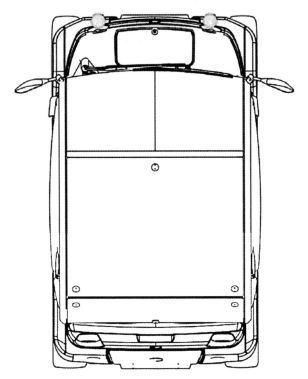

图 4.8 声呐传感器通常在车辆当中安装的位置

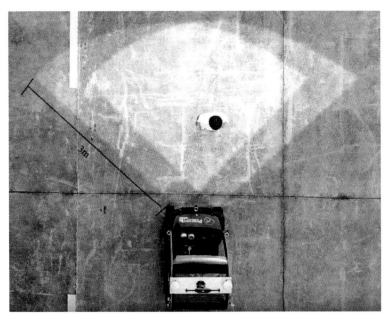

图 4.9 声呐传感器的探测范围

　　图 4.11 显示了声呐传感器的用户界面（UI），用户可以通过该界面查看车辆前方探测到的障碍物。该传感器配备了两个声呐探测头，可以将车辆前方的障碍物准确地探测出来。声呐传感器会将探测到的物体以鸟瞰图的形式投影到用户界面中。在界面上清晰地显示了车辆与探测到的障碍物之间的距离。图 4.12 展示了该设备的硬件规格[5]。

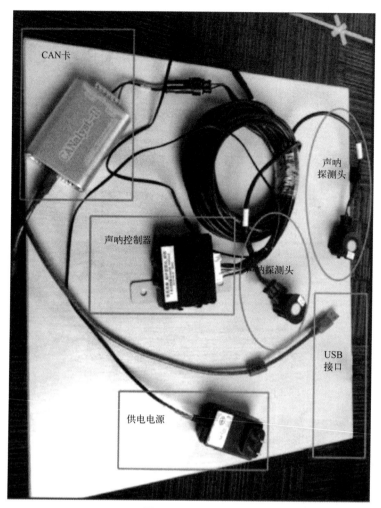

图 4.10　硬件组成

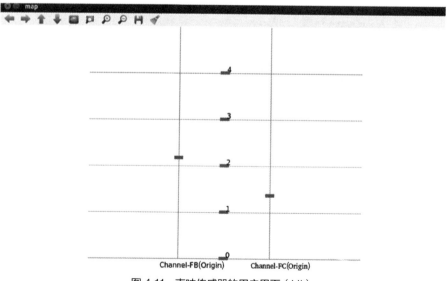

图 4.11　声呐传感器的用户界面（UI）

– 探测光束角度	
水平方向上的视场角	85°
垂直方向上的视场角	30°
超声波频率	58 kHz±1 kHz
防水等级	IP×9
有效检测距离	<3 m
传感器盲区	<30 cm
工作电压	12 V
通信方式	CAN(500 kbps)

图 4.12 声呐传感器规格

下面的这个代码片段展示了声呐传感器简单的数据结构，其中包含两个探测距离（一个用于左探测单元，另一个用于右探测单元）。同时为了更加方便地调用雷达传感器，作者还提供了一个非常简单的软件应用程序接口（API）来捕捉声呐数据，通过直接调用软件应用程序接口（API）可以使读者快速建立自己的被动感知逻辑。

```
struct USR_Data {
unsigned short left_front; // object range detected by "FB" channel,
unit in millimeter.
unsigned short right_front; // object range detected by "FC" channel,
unit in millimeter.
};
USR sonar;
USR_Data usr_data;
sonar.Read(usr_data);
```

参考文献

[1] Hasch J, Topak E, Schnabel R, et al (2012). Millimeter-wave technology for automotive radar sensors in the 77 GHz frequency band. IEEE Transactions on Microwave Theory and Techniques 60 (3): 845-860.

[2] Iovescu C, Rao S (2017). The fundamentals of millimeter wave sensors. http://www. ti.com/lit/wp/spyy005/spyy005.pdf (accessed 1 February 2019).

[3] Hymans A J, Lait J (1960). Analysis of a frequency-modulated continuous-wave ranging system. Proceedings of the IEE-Part B: Electronic and Communication Engineering 107 (34): 365-372.

[4] YouTube (2018). DragonFly 77 GHz millimeter Wave Radar. https://www.youtube.com/ watch?v=ZLOgcc7GUiQ (accessed 1 September 2019).

[5] PerceptIn (2018). Products. https://www.perceptin.io/products (accessed 1 September 2019).

[6] YouTube (2018). DragonFly Sonar. https://www.youtube.com/watch?v= -H3YdC-xSgQ (accessed 1 September 2019).

5

通过实时动态全球导航卫星系统进行定位

5.1 简介

目前，市场上的全球定位系统（GPS）（例如手机上使用的全球定位系统）的精度虽然在环境较好的情况下可以达到米级，但是这个精度对于需要厘米级精度定位的自动驾驶技术来说显然是不够的。不过实时动态全球导航卫星系统（RTK-GNSS）的出现很好地解决了上面提到的问题。如图 5.1 所示，我们在本章中将会主要介绍如何在本地配置 RTK-GNSS 以及

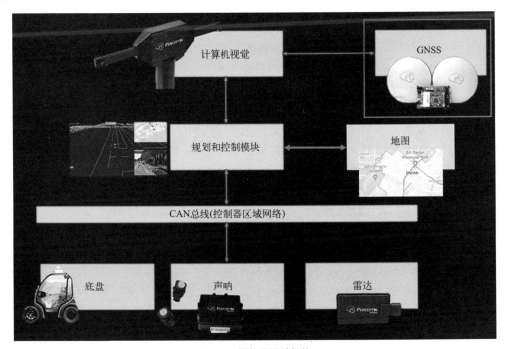

图 5.1 模块化设计架构

它在自动驾驶技术中的作用。首先我们会概括地介绍一下全球导航卫星系统（GNSS），然后再详细介绍如何在本地配置自己的 RTK-GNSS 以及怎样通过 RTK-GNSS 实现高精度定位（<30cm）。注：RTK 是一种基于载波的测距技术，通过它获取的测距精度会比基于编码测距得到的测距精度高一个数量级。

本章的其余部分结构如下：我们首先会在 5.2 节中介绍 GNSS，然后在 5.3 节讲述 RTK-GNSS 的体系架构，在 5.4 节、5.5 节和 5.6 节中，我们将逐步演示如何设置云服务器来广播基站校准信号或 RTCM（国际海运事业无线电技术委员会）信号。当云服务器性能不太好时，我们还补充介绍了如何通过 FreeWave 无线电来广播 RTCM 信号。

5.2　GNSS 技术概述

GNSS 由 GPS、全球导航卫星系统（GLONASS）、Galileo 系统和北斗系统在内的多个卫星系统组成。这里我们以 GPS 为例概述一下 GNSS。GPS 可以为 GPS 接收器提供可以处理的卫星信号，GPS 接收器根据这些接收到的信号就可以估计位置、速度和时间[1]。要完成上述操作，GPS 需要四颗卫星的信号来计算三维空间中的位置以及从卫星发射到 GPS 接收器接收时的时间差。这些 GPS 卫星分布在 6 个轨道平面上，并且它的运行轨道接近于圆形，高度在地球上方约 20200km 处，相对于赤道的倾角为 55°，公转周期大约为 11h58min。

GPS 卫星发射的信号是由基频 f_0=10.23MHz 的信号产生的[1]。该信号的时间戳采用原子钟来计时，因此一天的误差只有 10^{-13}s。L 波段有两个载波信号，分别是 L1 和 L2，都是由基频信号 f_0 与整数相乘生成的。载波信号 L1 和 L2 通过编码来进行双相位调制，向接收端提供时钟数据的同时，会传输诸如轨道参数等卫星信息。这些编码是由一个个状态为 +1 或 −1 的序列组成的，分别对应二进制的 0 和 1。当编码状态发生改变时，通过将载波相位进行 180°偏移来实现双相位调制。卫星信号包含卫星轨道、轨道扰动、GPS 时间、卫星时钟、电离层参数和系统状态等信息。导航信息由 25 帧编码组成，每帧编码包含 1500 位，其中每帧编码又可以细分成 5 个子帧，每个子帧又包含 300 位。

GNSS 系统的另一个关键点是 GPS 参考坐标系的定义，该坐标系对描述卫星运动、可观测卫星的建模和定位结果的可解释性至关重要。为了使 GNSS 正常工作，需要两个参考系统来支持，分别是：①需要保证空间是固定的，从而能够描述卫星运动的惯性参考系统；②需要保证地球是固定的，这个固定的坐标系是用来描述观测站所在位置和卫星对地面测量结果在地球的坐标系中是可以对应的。空间固定的惯性参考系统和地面固定的地球参考系统之间的转换关系是已知的，并且可以直接用于 GNSS 接收器以及之后的处理软件中。地球参考系按照惯例定义为三个轴，其中 Z 轴与国际协议习用原点（conventional international origin）定义的地球自转轴重合，X 轴指向地球赤道面与格林尼治子午圈的交点，Y 轴正交于 X 轴和 Z 轴且构成右手坐标系。具体来说就是原点 O 与地球质心重合，Z 轴指向地球北极，X 轴指向格林尼治子午圈与地球赤道面的交点，Y 轴垂直于 XOZ 平面，构成右手坐标系。全球定位系统 GPS 参考坐标系是 WGS84，与 WGS84 相关联的是一个以地球为中心的等势椭球[2]。

近年来，随着太空中 GNSS 卫星的不断增加，支持多星座（GPS 卫星星座、GLONASS 卫星星座、Galileo 卫星星座和北斗卫星星座）的 GNSS 接收器也逐步涌入市场。随着 GNSS 卫星的更新和增加，未来上市的新设备预计都会支持多个卫星。支持多个卫星星座的 GNSS 接收器的出现将会带来诸多好处，例如：①提高系统的适用性，特别是在有阴影的区域性能会更好；②提高测距精度，GNSS 接收器可视范围内的卫星越多精度就会越高；③提高系统的鲁棒性，因为单个系统处理多卫星信息融合获得的结果要远比多个系统单独处理对应的卫星信息再融合更可靠，因为独立系统更难被欺骗。

在理想状态下，我们可以通过 GNSS 系统获得没有任何误差的、精确的定位结果，但是，在实际应用中，GNSS 系统在计算过程中会存在很多误差项。下面我们来回顾一下这些潜在的的误差项来源：

- 卫星时钟（satellite clocks）：GNSS 卫星采用原子钟来计时，时钟的任意一个微小误差都可能导致 GNSS 接收器在计算位置时出现巨大误差。据估计，10ns 的卫星时钟误差会导致 GNSS 接收器在计算位置时出现 3m 的误差。

- 轨道误差（orbit errors）：GNSS 卫星运行的轨道是固定且参数已知的。即便如此，就像上述提到的卫星时钟一样，轨道也会产生轻微的变动。当卫星轨道发生变动时，地面控制系统会向卫星发送修正信号并更新卫星星历表。但即使经过 GNSS 地面控制系统的校正，轨道仍然会存在较小的误差，在定位时会导致 ±2.5m 的误差。

- 电离层延迟（ionospheric delay）：电离层是位于地球上方 80 ～ 600km 之间的大气层。这一层含有一种被称为离子的带电粒子。这些离子会对卫星信号的传播造成延迟，并可能导致卫星在定位时出现误差（通常为 ±5m）。电离层延迟与太阳活动、一年中的时间变化、季节变化、一天中的时间变化和位置的变化都有关，这就使得预测电离层延迟对定位的影响非常困难。电离层延迟也会随着通过电离层的信号频率的不同而发生变化。

- 对流层延迟（tropospheric delay）：对流层是最接近地球表面的大气层。对流层延迟是对流层湿度、温度和大气压强的变化引起的。由于对流层在一个局部区域内的环境非常相似，基站和移动探测站接收器的对流层延迟基本相同。因此 RTK-GNSS 就能够对对流层延迟进行补偿，下一节将会详细讨论如何使用 RTK-GNSS 来补偿对流层延迟。

- 多路径（multipath）：当 GNSS 信号经物体（例如建筑物的墙壁等）反射再由 GNSS 天线接收时，就会产生多路径现象。因为反射信号到达天线的路程变得更长，所以反射信号到达 GNSS 接收器的时间就会变长。这种延迟的信号在定位时会导致出现误差。

关于以上误差项的更详细的介绍，请参见参考文献[3] ～ [6]。

5.3 RTK-GNSS

根据我们之前的经验，市面上在售的大多数支持多卫星星座的 GNSS 系统能够提供的定位精度半径不超过 2m。虽然这个精度对驾驶员来说可能已经足够了，但如果需要汽车在特定的道路自动驾驶，它还需要知道道路在哪里。而且如果要让汽车实现自动驾驶并让车身保持在特定的车道上，定位精度需要达到分米级量级。幸运的是，RTK 和差分 GNSS 完全可以提供分米级的定位精度。在本小节中，我们将介绍 RTK 和差分 GNSS 是如何工作的。

如图 5.2 所示，RTK 的基本概念是减小或尽量消除基站和移动探测站的共同误差。RTK-GNSS 通过减小卫星时钟误差、轨道偏移、电离层延迟和对流层延迟等误差项来提高精度。图 5.2 展示了 RTK-GNSS 的基本工作思路。纠正这些 GNSS 误差项的一个有效方法是在一个位置已知的基站上安装一个 GNSS 接收器。基站上的接收器会根据卫星数据计算其位置，并将该位置与已知的实际位置进行比较，最后计算出误差偏移量，然后将计算出的误差修正从基站传达给车辆。

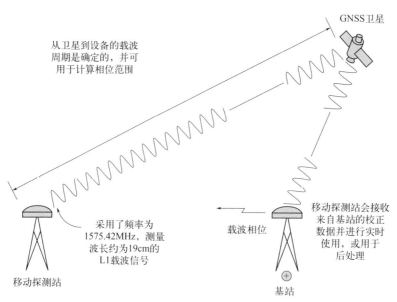

从卫星到设备的载波
周期是确定的，并可
用于计算相位范围

GNSS卫星

采用了频率为
1575.42MHz，测量
波长约为19cm的
L1载波信号

载波相位

移动探测站会接收
来自基站的校正
数据并进行实时
使用，或用于
后处理

移动探测站

基站

图5.2 RTK-GNSS

具体来讲，RTK 使用的是基于载波的测距定位，并且提供的距离和位置的精度要高于基于编码的测距定位方法。基于编码的测距定位作为一种粗定位技术，通过一个粗码（coarse acquisition code）接收机来采集 GPS 发出的数据，它利用卫星伪随机码（pseudorandom code）中包含的信息来计算出接收的位置。经过差分校正之后，它的精度可以达到 5m 以内。基于载波的测距定位是另一种通过载波相位接收器收集数据的处理技术，该方法通过使用无线电的载波信号来计算位置。载波信号的频率要远高于伪随机码，因此精度要比单独使用伪随机码高。理论上说，伪随机码缩小了参考范围，然后载波信号可以在此基础上进一步缩小参考范围，使其达到需要的精度。经过差分校正之后，该混合的处理方法可以使精度达到亚米级。基于载波的测距的具体原理是计算卫星和车辆之间的载波信号周期数，然后将该数字与载波波长相乘，从而计算出车辆的定位范围信息。但是以上方法计算出的范围中仍然存在卫星时钟、轨道误差、电离层延迟和对流层延迟等因素带来的误差。为了减小上述误差，RTK 会使用基于载波测距定位的结果来提升自身的精度，这也要求 RTK 能够将载波测距定位的修正误差数据从基站端传输到车辆端。

使用 RTK-GNSS 方法，车辆可以融合模糊度解算（ambiguity resolution）和差分校正（differential correction）算法来确定其位置。车辆端计算的位置精度取决于它与基站的距离和差分校正算法的精度。校正的精度取决于基站的已知位置和基站的卫星观测的精度。因此，一个好的基站站点可以最大限度地减小环境带来的影响，如干扰和多径等问题，而质量好的车辆接收器和合适的天线安装位置也可以带来精度上的提升。

RTK-GNSS 系统采用 RTK 载波相位差技术的卫星定位测量方法，从而实现高精度定位。图 5.3 展示了 RTK-GNSS 系统的结构。

- 第一步，将基站接收机（基于 GPS）的天线安装在固定的位置，安装要求如图 5.4 所示。
- 第二步，通过计算一定时间内自主定位的平均值，从而确定基站接收机的坐标。
- 第三步，将基站接收机与树莓派（搭载 NtripServer）通过串口线束连接，并将基站的位置坐标和接收到的卫星信息实时更新到云服务器（搭载 NtripCaster）。

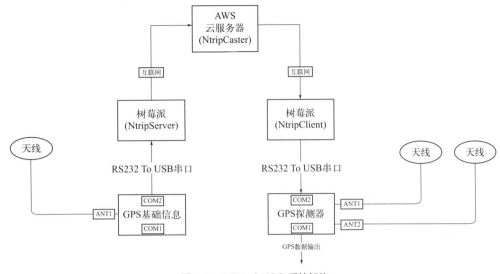

图 5.3 RTK-GNSS 系统架构

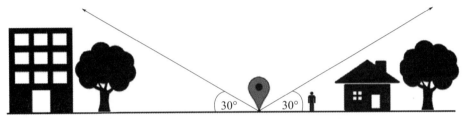

图 5.4 GPS 天线的安装要求

· 第四步，移动端（GPS 移动探测站）通过串口 COM2 连接树莓派（搭载 NtripClient），接收来自云服务器的差分校正数据，同时接收卫星信号，从而解决 RTK 定位偏差问题。

· 第五步，移动探测站通过串口 COM1 输出定位数据。

5.4 RTK-GNSS 云服务器安装步骤

本小节以在亚马逊网络服务（AWS）上设置云服务器为例。我们可以使用 openssh 的方法登录 AWS，命令代码为：

```
sudo ssh -i /path/my-key-pair.pem ec2-user@instancename.compute-1.amazonaws.com
```

5.4.1 配置 NtripCaster

首先，我们需要使用以下命令安装 NtripCaster：

```
ubuntu@ip-instance: ~ $ git clone https://github.com/roice/ntripcaster
ubuntu@ip-instance: ~ $ sudo apt-get install gcc
ubuntu@ip-instance: ~ $ cd ntripcaster/
ubuntu@ip-instance: ~ /ntripcaster$ cd ntripcaster0.1.5/
ubuntu@ip-instance: ~ /ntripcaster/ntripcaster0.1.5$ sudo ./configure
ubuntu@ip-instance: ~ /ntripcaster/ntripcaster0.1.5$ sudo apt-get install make
```

```
ubuntu@ip-instance: ~ /ntripcaster/ntripcaster0.1.5$ make
ubuntu@ip-instance: ~ /ntripcaster/ntripcaster0.1.5$ sudo make install
```

通过上述命令安装完成后，我们需要使用下面的命令来设置 NtripCaster：

```
ubuntu@ip-instance: ~ /ntripcaster/ntripcaster0.1.5$ cd /usr/local
ubuntu@ip-instance:/usr/local$ cd ntripcaster/
ubuntu@ip-instance:/usr/local/ntripcaster$ cd conf/
ubuntu@ip-instance:/usr/local/ntripcaster/conf$ ls
ubuntu@ip-instance:/usr/local/ntripcaster/conf$ sudo mv ntripcaster.conf.dist ntripcaster.conf
ubuntu@ip-instance:/usr/local/ntripcaster/conf$ sudo mv sourcetable.dat.dist sourcetable.dat
```

接下来我们需要使用以下命令来修改配置文件：

```
ubuntu@ip-instance:/usr/local/ntripcaster/conf$ sudo vi ntripcaster.conf
```

然后设置以下内容：

- location, rp_email 和 server_url；
- 解码密码（encoder_password）；
- server_name 和端口号；
- 日志文件夹路径和日志文件名；
- 增加挂载点，格式为：/mount:user0:123456,user1:123456。

mountpoint name	user0 name	user0 password	user1 name	user1 password	more users
mount	user0	123456	user1	123456	…

```
ubuntu@ip-instance:/usr/local/ntripcaster/conf$ sudo vi sourcetable.dat
```

在 sourcetable.dat 文件的末尾，按以下格式添加新的数据源。注意：挂载点和网络必须与 ntripcaster.conf 文件的挂载点名称和 user0 名称一致，如下图所示。

在 sourcetable.dat 文件中，每一行代表一个挂载点。每行之间用分号隔开，每一个变量的含义如下表所示：

序号	示例	说明
1	STR	类型：STR/CAS/NET
2	mount	挂载点（mountpoint）
3	Shen Zhen	标识符（identifier）
4	RTCM 3.2	差分数据格式
5	1004,1008	具体数据格式
6	1	载波相位数据 0—无，1—单频，2—双频
7	GPS	导航系统，如：GPS、GPS+GLONASS
8	PI	网络
9	CHN	国家
10	22.58	纬度
11	113.93	经度
12	0	是否需要发送 NMEA：0—不需要，1—需要
13	0	基站类型：0—单基站，1—网络
14	PI	产生此数据流的软件名称
15	none	压缩算法
16	B	访问保护：N—None，B—Basic，D—Digest
17	N	Y/N
18	115200	波特率

5.4.2　开始运行 NtripCaster

当你完成上面的步骤之后，我们就可以开始通过下面的命令使用 NtripCaster 了：

```
ubuntu@ip-instance: ~ $ cd /usr/local/ntripcaster/bin
ubuntu@ip-instance:/usr/local/ntripcaster/bin$ sudo ./ntripcaster
```

通过下面的命令登录 NtripCaster 服务器并查看服务器的状态：

```
ubuntu@ip-instance: ~ $ ps -aux | grep ntrip
```

通过下面的命令启动 NtripCaster：

```
ubuntu@ip-instance: ~ $ cd /usr/local/ntripcaster/bin
ubuntu@ip-instance:/usr/local/ntripcaster/bin$ sudo ./ntripcaster
```

然后，我们可以使用下面的 nohup 命令在后台运行一个 NtripCaster 进程：

```
ubuntu@ip-instance: ~ $ cd /usr/local/ntripcaster/bin
ubuntu@ip-instance:/usr/local/ntripcaster/bin$ nohup ./ntripcaster
```

5.5　在树莓派上配置 NtripServer 和 NtripClient

5.5.1　安装树莓派系统

图 5.5 显示了树莓派的配置过程。树莓派硬件版本：树莓派 3 Model B+。

• 在 Windows 系统下登录 https://www.raspberrypi .org/downloads/raspbian/，下载树莓派系统。选择"带桌面的 Raspbian Stretch 及推荐软件"，单击"Download ZIP"来获取系统镜像文件。

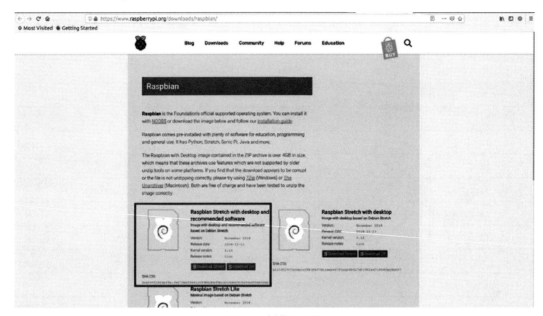

图 5.5　树莓派配置

图 5.6　SD 卡配置

• 图 5.6 显示了 SD/TF（TransFlash）卡的配置过程。在 Windows 系统中下载并安装 TF 卡格式化工具（SD card formatter）。这里需要将树莓派 TF 卡格式修改为 FAT32 格式。

- 在 Windows 系统中下载并安装系统镜像文件编写工具（win32diskimager），将树莓派系统镜像写入 TF 卡。
- 待系统镜像文件写入完成后，打开 TF 卡并在根目录下新建一个 txt 文件，将其重命名为 ssh 且不带后缀。该文件用于打开 ssh 函数。
- 将 TF 卡插入树莓派，连接显示器、键盘、鼠标，接通电源。在安装引导向导中设置树莓派密码并连接 WiFi，也可以通过网线连接到网络。
- 按照引导完成设置后，安装 RTKLIB 并创建树莓派接入点。
- 打开终端，执行下述命令来安装并编译 RTKLIB：

```
git clone https://github.com/tomojitakasu/RTKLIB.git
cd /RTKLIB/app/str2str/gcc
make //Compile and generate the str2str executable file
```

- 创建树莓派接入点，并在终端运行以下命令：

```
sudo apt-get install vim
git clone https://github.com/oblique/create_ap
cd create_ap
sudo make install
sudo apt-get install util-linux procps hostapd iproute2 iw haveged dnsmasq
sudo create_ap wlan0 eth0 access-point-name password//Create a WiFi access point
```

注意：
- 当在树莓派创建一个 WiFi 接入点时，必须先断开它的 WiFi 连接，否则运行命令会出现错误并提示：your adapter cannot be a station an access point at the same time（您的适配器不能同时是工作站和接入点）。
- 在 /etc/rc. local 文件中添加（sudo create_ap wlan0 eth0 access-point-name password &）来设置树莓派启动时自动创建 WiFi 接入点。具体设置如下：

- WiFi 接入点设置成功后，可以使用笔记本电脑连接到树莓派的 WiFi，然后通过 ssh（pi@192.168.12.1）登录树莓派设备。

5.5.2　在树莓派上运行 RTKLIB-str2str

5.5.2.1　在基站端运行 NtripServer

基站端线路图如图 5.7 所示。树莓派的作用是连接 4G 终端，并通过网络向 NTRIP 传输差分信号。

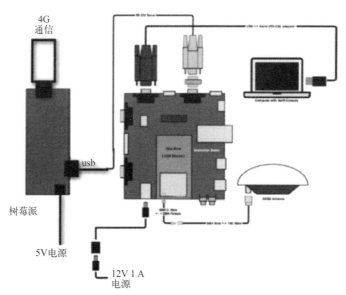

图 5.7　通过树莓派连接 GNSS 基站

当树莓派接入 4G 终端能够访问 Internet 后，运行 str2str 程序向 NTRIP caster 发送差分信号。命令如下：

```
sudo home/pi/RTKLIB/app/str2str/gcc/str2str -in
serial://ttyUSB0:115200:8:n:1 \
-out ntrips://:password@IP:port/mountpoint
```

上述命令执行成功后的结果如下：

```
2018/06/05 07:34:45 [CC---]    338527 B    3680 bps (0) 60.205.8.49/RTCM32_GGB
2018/06/05 07:34:50 [CC---]    340894 B    3916 bps (0) 60.205.8.49/RTCM32_GGB
2018/06/05 07:34:55 [CC---]    343199 B    3688 bps (0) 60.205.8.49/RTCM32_GGB
2018/06/05 07:35:00 [CC---]    345566 B    3924 bps (0) 60.205.8.49/RTCM32_GGB
2018/06/05 07:35:05 [CC---]    347871 B    3675 bps (0) 60.205.8.49/RTCM32_GGB
2018/06/05 07:35:10 [CC---]    350238 B    3934 bps (0) 60.205.8.49/RTCM32_GGB
2018/06/05 07:35:15 [CC---]    352543 B    3684 bps (0) 60.205.8.49/RTCM32_GGB
2018/06/05 07:35:20 [CC---]    354910 B    3918 bps (0) 60.205.8.49/RTCM32_GGB
2018/06/05 07:35:25 [CC---]    357215 B    3676 bps (0) 60.205.8.49/RTCM32_GGB
2018/06/05 07:35:30 [CC---]    359582 B    3936 bps (0) 60.205.8.49/RTCM32_GGB
2018/06/05 07:35:35 [CC---]    361887 B    3680 bps (0) 60.205.8.49/RTCM32_GGB
2018/06/05 07:35:40 [CC---]    364254 B    3916 bps (0) 60.205.8.49/RTCM32_GGB
2018/06/05 07:35:45 [CC---]    366559 B    3678 bps (0) 60.205.8.49/RTCM32_GGB
```

然后将以下命令写入树莓派的 /etc/rc.local 文件中来设置树莓派启动时自动运行 NTRIP 服务器。设置示例如下：

```
nohup /home/pi/RTKLIB/app/str2str/gcc/str2str -in
serial://ttyUSB0:115200:8:n:1 \
-out ntrips://:password@IP:port/mountpoint > /dev/null &
```

```
#!/bin/sh -e
#
# rc.local
#
# This script is executed at the end of each multiuser runlevel.
# Make sure that the script will "exit 0" on success or any other
# value on error.
#
# In order to enable or disable this script just change the execution
# bits.
#
# By default this script does nothing.

# Print the IP address
_IP=$(hostname -I) || true
if [ "$_IP" ]; then
  printf "My IP address is %s\n" "$_IP"
fi

nohup /home/pi/RTKLIB/app/str2str/gcc/str2str -in serial://ttyUSB0:115200:8:n:1 -out ntrips://:password@IP:port/mountpoint > /dev/null &

sudo create_ap wlan0 eth0 wifi-name password &

exit 0
```

5.5.2.2　在 GNSS 移动探测站端运行 NtripClient

树莓派的作用是连接 4G 终端，并通过网络从 NTRIP 接收差分信号。当树莓派接入 4G 终端能够访问 Internet 后，运行 str2str 程序接收 NTRIP 发出的差分信号。命令如下：

```
sudo/home/pi/RTKLIB/app/str2str/gcc/str2str-in\ntrip://user:password:@IP:port/mountpoint-out
serial://ttyUSB0:115200:8:n:1
```

然后通过以下命令写入树莓派的 /etc/rc.local 文件。设置树莓派启动时自动运行 NTRIP 客户端，设置格式为：

```
nohup/home/pi/RTKLIB/app/str2str/gcc/str2str-in\ntrip://user:password@IP:port/mountpoint-out
serial://ttyUSB0:115200:8:n:1 >/dev/null &
```

5.6　配置基站和 GNSS 移动探测站

5.6.1　基站硬件配置

基站架构配置图如图 5.8 所示。图 5.9 展示了配置基站需要用到的组件，基站配置步骤如图 5.10 所示。图 5.11 展示了如何将基站接收器连接到电脑主机，图 5.12 展示基站天线正确的放置方法（放置在天空开阔的地方，例如屋顶上）。

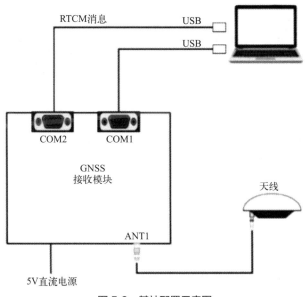

图 5.8　基站配置示意图

5.6.2　基站软件配置

首先输入以下命令：

```
sudo apt-get install cutecom
sudo cutecom
```

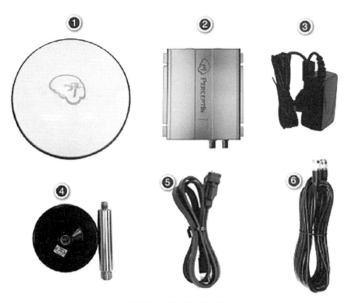

图 5.9　基站配置组件

1—天线；2—GNSS 接收模块；3—电源模块；4—磁性基础板；5—串口到 USB 连接器；

6—天线电缆（TNC 公头到 TNC 公头）

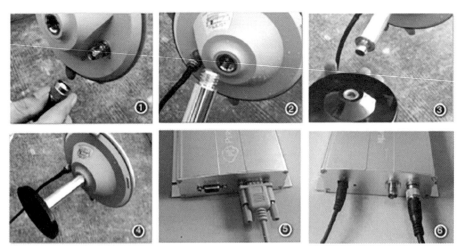

图 5.10　配置步骤

图 5.11　基站接收器连接电脑主机

图 5.12　基站 GNSS 天线放置示意图

如图 5.13 所示，在 CuteCom 软件中单击 Open device，查看 PC (/dev/ttyUSB0) 上的 COM1 序列号，CuteCom 设置界面图如图 5.13 所示。

下一步配置基站天线的位置：

在命令行中输入"freset"，并按"Enter"键。freset 命令的输入方法如图 5.14 所示。

图 5.13　CuteCom 设置界面图

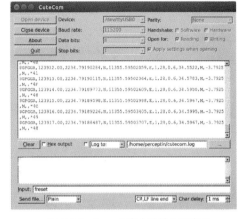

图 5.14　freset 命令的输入示意图

图 5.15 显示了成功执行"freset"命令后所看到的结果。

输入以下命令：gpgga com1 1

// 设置 GPGGA 的输出频率为 1Hz。如果执行成功，您将看到如下消息："$command, gpgga com1 1, response: OK * 49"和 GPGGA 消息[7]。如图 5.16 所示。

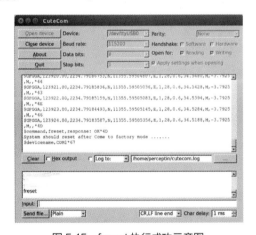

图 5.15　freset 执行成功示意图

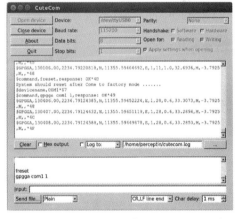

图 5.16　"gpgga com1 1"命令成功执行示意图

执行以下命令：mode base time 60 1.5 2.5

// 如果成功执行此命令将显示"$command,mode base time 60 1.5 2.5, response OK * 78"。然后我们需要等待 60s，当 GPGGA 修复状态为 7 时说明基站设置完成。

图 5.17 为命令成功执行的示意图，图 5.18 展示了正确的 GPGGA 修复状态。

```
$GPGGA,045526.002234.79008586,N,11355.59480467,E,7,25,0.6,34.7453,M,-3.7924,M,,*43
```

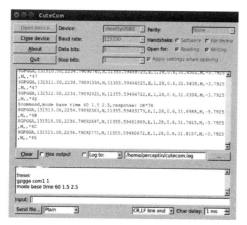

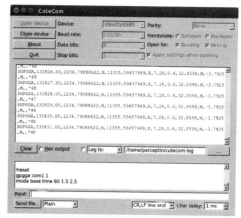

图 5.17 "mode base time 60 1.5 2.5" 命令成功执行示意图   图 5.18   GPGGA 修复状态示意图

输入以下命令: rtcm1006 com2 10
// 如果命令执行成功，将会看到："$command,rtcm1006 com2 10, response OK * 03"
输入以下命令: rtcm1033 com2 10
// 如果命令执行成功，将会看到："$command,rtcm1033 com2 10, response OK * 05"
输入以下命令: rtcm1074 com2 1
// 如果命令执行成功，将会看到："$command,rtcm1074 com2 1, response OK * 36"
输入以下命令: rtcm1124 com2 1
// 设置 BDS 校正信息，如果命令执行成功，将会看到："$command,rtcm1124 com2 1, response OK * 32"
输入以下命令: rtcm1084 com2 1
// 设置 GLONASS 校正信息，如果命令执行成功，将会看到："$command, rtcm1084 com2 1, response OK * 39"
输入以下命令: rtcm1094 com2 1
// 设置 Galileo 校正信息，如果命令执行成功，将会看到："$command, rtcm1094 com2 1, response OK * 38"
输入以下命令: saveconfig
// 保存配置，如果命令执行成功，将会看到："$command,saveconfig, response OK * 55"

注意：

如果想要得到更精确的基站信号，则需要设置更长的基准站时间。例如：mode base time 7200 1.5 2.5。通常将基准时间设置为至少 2h，来获得精确且稳定的基站信号。

如果想手动设置基天线位置，可以执行以下命令: mode base latitude（纬度）longitude（经度）altitude（海拔），例如：

mode base 22.5798755945 113.926580413 34.1254713577
// 基站位置为：纬度 = 22.5798755945，经度 = 113.926580413，海拔 = 34.1254713577。其中，纬度和经度的单位是度（°），高度的单位是米（m）。

如果我们想在第一次配置完成后重新启动基站时跳过等待时间（mode base time 7200 1.5 2.5），我们需要在获得 GPS 位置的平均值后手动设置基天线位置。例如：

根据 GPGGA 信息：

$GPGGA,045526.002234.79008586, N,11355.59480467,E, 7,25,0.6,34.7453,M,-3.7924,M,,*43

在 GPGGA 信息中纬度的格式为 ddmm.mm，经度的格式为 dddmm.mm。我们需要将上述格式的纬度和经度转换为度数，计算方法如下：

Latitude = 22 +(34.79008586/60) = 22.579834764
Longitude =113+(55.59480467/60) = 113.926580078

计算出经纬度之后，执行下述命令：

```
mode base 22.579834764 113.926580108 34.7453
saveconfig
```

Linux 系统下连接 NtripCaster：

RTKLIB 的 str2str 模块可以搭建 NtripServer 和 NtripClient。

Linux 系统下设置 NtripServer 的步骤：

```
编译 RTKLIB
git clone https://github.com/tomojitakasu/RTKLIB.git
cd /RTKLIB/app/str2str/gcc
make
```

测试基站 COM2 端口是否可以向 NtripCaster 输出信息。

查看 PC (/dev/ttyUSB1) 上的 COM2 的序列号，然后执行如下命令：

```
sudo /home/perceptin/RTKLIB/RTKLIB-
master/app/str2str/gcc/str2str -in \ serial://ttyUSB1:115200:8:n:1 -out
ntrips://:password@IP:PORT/Mountpoint
```

如果成功连接到 NtripCaster，将会看到下图所示的信息。

如果基站 COM2 端口可以成功输出到 NtripCaster，我们需要将 COM2 端口的 USB 插入基站树莓派上。

5.6.3　配置 GNSS 移动探测站

5.6.3.1　移动探测站硬件配置

移动探测站需要安装两个 GNSS 天线，分别输出位置和车辆航向。图 5.19 显示了移动探测站硬件配置；图 5.20 显示了移动探测站所需的组件；图 5.21 显示了在移动探测站上天线的正确安装方法；图 5.22 为线缆的正确连接示意图。

5.6.3.2　移动探测站软件配置

如图 5.23 所示，连上 GNSS 模块之后：

① 将移动探测站 COM1 端口与电脑连接；

② 在命令行执行下面的命令，打开串口工具：

```
sudo cutecom
```

③ 在电脑端 (/dev/ttyUSB0) 查看移动探测站 COM1 的系列号，然后单击 "Open device"。

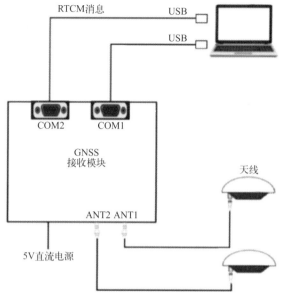

图 5.19　移动探测站硬件配置

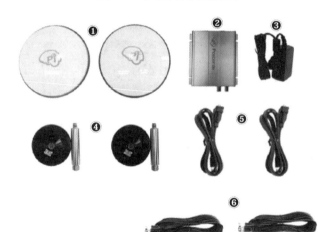

图 5.20　移动探测站的硬件组件

1—GNSS 天线；2—GNSS 信号接收模块；3—电源（5V）；4—磁性基础板；5—串口到 USB 连接器；

6—天线电缆（TNC 公头到 TNC 公头）

图 5.21　移动探测站天线安装示意图

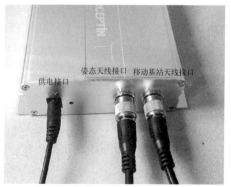

图 5.22　线缆连接示意图

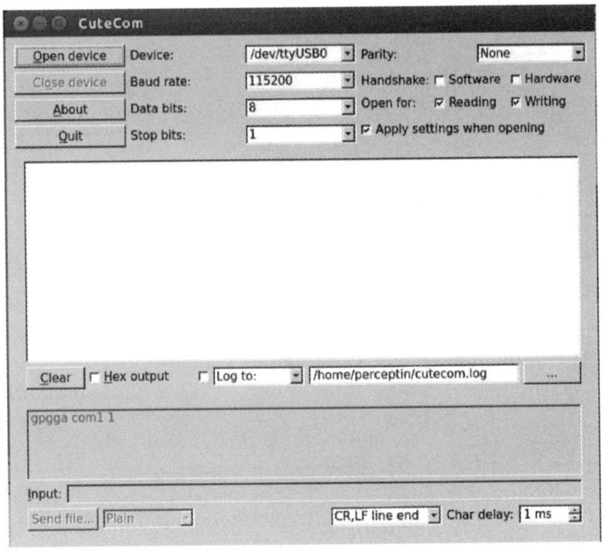

图 5.23　连接 GNSS 模块

设置 COM1 端口输出频率：

```
输入以下命令：gpgga com1 0.05
// 设置 gpgga com1 端口的输出频率为 20Hz。如果执行成功，将看到如下消息："$command,gpgga com1 0.05,
response OK * 63"
输入以下命令：gprmc com1 0.05
// 设置 gprmc com1 端口的输出频率为 20Hz。如果执行成功，将看到如下消息："$command,gprmc com1 0.05,
response OK * 7E"
输入以下命令：gphdt com1 0.05
// 设置 gphdt com1 端口的输出频率为 20Hz。如果执行成功，将看到如下消息："$command,gphdt com1 0.05,
response OK * 7A"
输入以下命令：headinga com1 0.05
// 设置 headinga com1 端口的输出频率为 20Hz。如果执行成功，将看到如下消息："$command,headinga com1
0.05, response OK * 1C"
输入以下命令：saveconfig
// 保存配置，如果命令执行成功，将会看到：
"$command,saveconfig, response OK * 55"
```

在 Linux 系统连接 NtripCaster：

RTKLIB 的 str2str 模块可以搭建 NtripServer 和 NtripClient。

在 Linux 系统配置 NtripClient：

将移动探测站 COM2 串口与电脑连接，在电脑（/dev/ttyUSB1）上查看移动探测站 COM2 串口设备号。

通过下面的命令测试移动探测站 COM2 端口是否可以从 NtripCaster 端接收数据：

```
sudo /home/perceptin/RTKLIB/RTKLIB-
master/app/str2str/gcc/str2str -in \ ntrip://:user:password@IP:PORT/Mountpoint -out
serial://ttyUSB1:115200:8:n:1
```

如果可以从 NtripCaster 成功接收到 RTCM 数据，则屏幕上会显示数据大小和传输速率，COM1 输出 GPGGA 消息显示修复状态值为 4。

如果移动探测站 COM2 端口可以成功接收到 NtripCaster 发来的 RTCM 数据，则需要将 COM2 端口的 USB 连接器插到移动探测站上的树莓派中。图 5.24 展示了移动探测站的输出在屏幕上的显示。

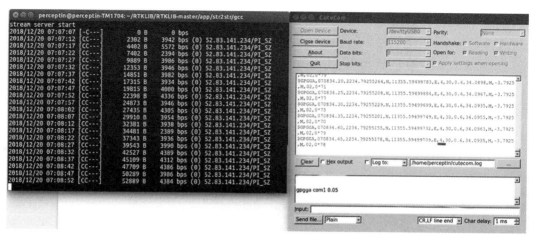

图 5.24　移动探测站的输出在屏幕上的显示

5.7　FreeWave 无线电基本配置

在前面的小节中，我们讲述了如何设置一个云服务器来从基站传输 RTK 校正数据。但是，如果我们不想设置云服务器的话，同样可以使用 FreeWave 无线电来传输 RTCM 数据。

如果我们使用 FreeWave 无线电波来传输 RTCM 数据，就不再需要云服务器账号和树莓派，只需要将基站和移动探测站的 COM2 串行接口连接到 FreeWave 无线电即可，传输方案示意图如图 5.25 所示。

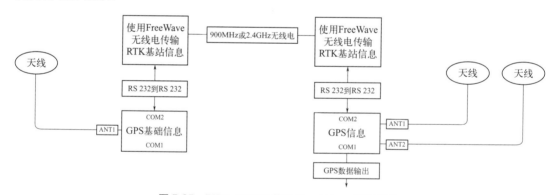

图 5.25　RTK-GNSS 信号 FreeWave 传输方案

900MHz 或 2.4GHz 的 FreeWave 无线电可以用来测试 RTK-GNSS 接收器的性能，但是我们需要对此进行一些配置才可以正常工作。接下来我们会详细介绍 RTK 基站和 RTK 移动探测站上无线电的配置过程。注意：FreeWave 无线电可以通过简单的串口终端程序或 FreeWave 功能套件来进行配置。使用的终端程序如下：

（1）在 Linux 系统安装终端程序

```
sudo apt-get install gtkterm
```

（2）无线电硬件配置

对于硬件配置，无线电应该使用 RS232 电缆直接通过 RS232 端口连接到计算机。如果计算机上没有 RS232 端口，可以通过 USB 到 RS232 转接器来转接。FreeWave 无线电需要 6～30V

直流电源。在配置过程中使用无线电自带的电源适配器或 12V 电源为其供电。

（3）进入无线电设置模式

按以下步骤将收音机设置为设置模式：

· 将天线安装在射频模块上，无线电在没有安装天线之前禁止通电。

· 将无线电的 RS232 端口与电脑连接，如果电脑没有 RS232 串口，需要使用 USB-RS232 转接器进行转接。

· 打开无线电。

· 打开终端程序，将端口参数配置为：19200bps, 8bits, no parity, 1 stop bit, no flow control。

（a）在"CoolTerm"中，单击"Options"按钮，设置参数，然后单击"Connect"按钮。

（b）在 GtkTerm 中，点击 Configuration → Port（Shift+Ctrl+s）。

· 按下射频板上电源输入旁边的射频编程按钮。面板上的三个发光二极管（LED）都变为纯绿色时，终端屏幕上将显示如图 5.26 和图 5.27 所示的界面。

图 5.26　CoolTerm 显示界面　　　　　图 5.27　GtkTerm 显示界面

（4）配置 RTK 基站无线电

按照这些步骤将无线电设置为 RTK 基站的校正数据发射机。这台无线电将用作单点对多点的主机。它能够同时向多个移动探测站发送修正信息：

· 按步骤（3）使无线电进入设置模式。

· 按"0"(Set Operation Mode)：

（a）按 2(Point-to-MultiPoint Master)。

（b）按"Esc"，返回"Main Menu"。

· 按"1"(Set Baud Rate)：

（a）按 1(115200)。

（b）按"Esc"，返回"Main Menu"。

· 按 5(Edit MultiPoint Parameters)：

（a）按 0(Number Repeaters)。

　▪ 按 0

（b）按 1(Master Packet Repeat)。

　▪ 按 0

（c）按 2(Max Slave Retry)。

　▪ 按 0

（d）按 6(Network ID)。

　▪ 输入需要的 Network ID 值，范围为 0 ～ 4095 且不包括 255，按"Enter"确认（255

将设置为"Call Book"而不是"network ID")。建议使用基站"Radio Number"的后 3 位或 4 位（小于 4095 时）作为 Network ID。

（e）按"Esc"，返回"Main Menu"。

· 若要更改无线电功率输出，可按 3（编辑无线电传输特性）。

（a）按 5（RF Xmit Power）。

  ▪ 在 900MHz 无线电输入所需的功率级别为：0 ～ 10（0 = 5mW, 3 = 80mW, 5 = 230mW, 7 = 480mW, 10 = 1W）。

  ▪ 在 2.4GHz 收音机上输入所需的 dBm 表示的功率（20dBm = 0.1W, 27dBm = 0.5W）。

（b）按"Esc"，返回"Main Menu"。

· 按"Esc"退出设置模式。

· 关闭无线电。设置保存在无线电的非易失性存储器中，此时无线电已配置为进行 RTK 操作。

（5）为移动探测站设置无线电

按照这些步骤将无线电设置为 RTK 的校正数据接收器。这台无线电将作为单点对多点的从机工作。它不能传输任何数据（只能接收数据）。在有多个移动探测站的系统中，对所有的移动探测站上的无线电使用相同的无线电配置。

· 按步骤（3）使无线电进入设置模式。

· 按"0"（Set Operation Mode）：

（a）按 3（Point-to-MultiPoint Slave）。

（b）按"Esc"，返回"Main Menu"。

· 按"1"（Set Baud Rate）：

（a）按 1（115200）。

（b）按"Esc"，返回"Main Menu"。

· 按 5（Edit MultiPoint Parameters）：

（a）按 0（Number Repeaters）。

  ▪ 按 0

（b）按 1（Master Packet Repeat）。

  ▪ 按 0

（c）按 2（Max Slave Retry）。

  ▪ 按 0（注意：如果需要从移动探测站传输数据到基地，请将 Max Slave Retry 设置为 1）

（d）按 3（Retry Odds）。

  ▪ 按 0

（e）按 6（Network ID）。

  ▪ 输入与上面 RTK 基站无线电设置中相同的 Network ID 并按"Enter"。

（f）按"Esc"，返回"Main Menu"。

· 按"Esc"退出设置模式。

· 关闭无线电。设置保存在无线电的非易失性存储器中，此时无线电已配置为进行 RTK 操作。

（6）LED 指示灯

如果无线电已正确配置，LED 指示灯应如图 5.28 所示。

项目	CD	TX	CTS
Base	■	■	off
Rover	■	off	■

图 5.28　LED 指示灯示意图

（7）故障排除

如果想让一个无线电与同一网络中的其他无线电通信，所有无线电上以下五个设置 Network ID, Frequency Key, RF Data Rate, Minimum Packet Size 和 Maximum Packet Size 必须匹配。如果这些设置中的任何一个不匹配，无线电就无法连接。

参考文献

[1] Misra P, Enge P (2006). Global Positioning System: Signals, Measurements and Performance, 2e. Lincoln, MA: Ganga-Jamuna Press.

[2] Leick A, Rapoport L, Tatarnikov D (2015). GPS Satellite Surveying. Wiley.

[3] Jeffrey C (2010). An Introduction to GNSS. Calgary, AB: NovAtel Inc.

[4] Groves P D (2013). Principles of GNSS, Inertial, and Multisensor Integrated Navigation Systems. Artech House.

[5] Irsigler M, Avila-Rodriguez J A, Hein G W (2005). Criteria for GNSS multipath performance assessment. Proceedings of ION GNSS 2005, Long Beach, CA (13 16 September 2005).

[6] Rieder M J, Kirchengast G (2001). Error analysis and characterization of atmospheric profiles retrieved from GNSS occultation data. Journal of Geophysical Research: Atmospheres 106 (D23): 31755-31770.

[7] GPS Information (2017). NMEA data. https://www.gpsinformation.org/dale/nmea.htm (accessed 24 November 2019).

6

计算机视觉的定位与感知

6.1 简介

如图 6.1 所示，计算机视觉在自动驾驶车辆和智能机器人的模块化设计方法中扮演了重要角色。它的主要功能是提供两个基本的能力：一是回答机器人在哪里的问题（定位），二是回答机器人周围存在什么的问题（感知）[1]。

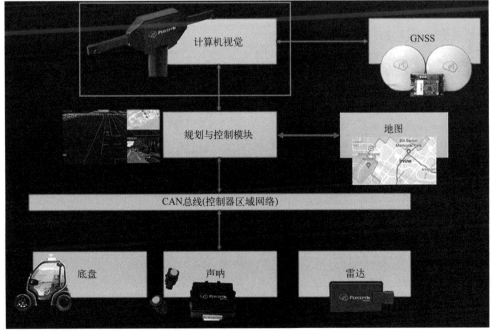

图 6.1　无人车模块化设计架构

从图 6.1 中我们可以看到，红方框所示部分是本章将要讲述的计算机视觉技术。接下来，让我们来了解本章的大致流程。首先在 6.1 节中，将回顾计算机视觉技术的一些细节。接着，在 6.2 节中，从计算机视觉硬件设计开始，介绍在设计和构建计算机视觉硬件时所面临的挑战。在 6.3 节中，将介绍相机校准的概念，并深入探讨一些比较流行的校准软件和技术。在 6.4 节中，将解释如何使用计算机视觉实现自动驾驶车辆和智能机器人的定位。在 6.5 节中，将介绍如何使用计算机视觉进行感知。最后，在 6.6 节中，将以 PerceptIn 公司的 DragonFly 无人驾驶车辆的计算机视觉模块为例，为读者提供学习和研究的实例。

在阅读完本章后，读者应该能够理解如何将计算机视觉的相关技术应用在无人驾驶车辆和智能机器人的设计中，同时可以了解怎么样结合计算机视觉和其他传感器来实现更好的定位和感知效果。

6.2　搭建计算机视觉硬件

可以这样说，搭建计算机视觉硬件并利用摄像头等传感器执行感知和定位任务是极具挑战性的，因为在无人驾驶车辆中需要考虑许多设计因素。这些因素包括选择何种图像传感器、选择何种镜头，以及是在设备上进行集中式计算还是通过云端或者边缘进行计算。本节中，我们将详细讨论这些设计上带有的挑战性的问题。

6.2.1　七层技术

如图 6.2 所示，如果我们需要搭建一个计算机视觉的硬件设备，需要读者至少考虑七层技术的选择与使用。

图 6.2　构建计算机视觉硬件的七层技术

① 镜头（lens）：在构建计算机视觉的硬件设备中，镜头的选择对于传感器所接收到的光线数量具有关键影响。在机器人视觉中，常使用最为简单的针孔模型，该模型通过留出一个小孔并阻挡大部分光线来限制所接收到的光线数量。在理想情况下，图像传感器上的每个像素都可以接收到物体上的一个点发出的射线。镜头的两个基本参数是焦距（focal length）和最大光圈（maximum aperture）。焦距决定了物体在图像平面上成像的放大率，而光圈则决定了图像的光强。焦距也决定了相机的视场角，通常来说，焦距越短，视场角越广。同时，更大的光圈可以在相同的曝光下提供更快的快门速度。因此，在设计计算机视觉系统时，需要

根据实际需要选择合适的镜头参数。

②图像传感器（image sensing）：在七层计算机视觉技术中，图像传感器负责将原始图像转化为数字信号并传递给图像信号处理器进一步处理。图像传感器的工作原理是将光波转换为数字信号，这种光波可以是可见光，也可以是其他类型的电磁辐射。消费级相机产品通常使用互补金属氧化物半导体（CMOS）作为图像传感器，因为它比电荷耦合器件（CCD）更便宜，功耗更低，延长了电池供电设备的使用时间。而高端相机，如卫星上的相机，通常会使用CCD传感器。此外，根据不同的使用场景，我们也会根据需求动态调整图像传感器。例如，在白天可以使用可见光传感器，而在夜晚则需要使用红外成像传感器，以提供更好的成像效果。图像传感器的性能对于自动驾驶的实现有着至关重要的影响，需要进行充分的测试和评估，以确保其在各种不同的使用场景下均能够保持稳定的性能表现。

③图像信号处理器（ISP）：图像信号处理器是相机中非常重要的组件，它的功能包括去马赛克、自动对焦、曝光和白平衡等。在相机中，图像传感器中的像素对某些波长之间的光非常敏感。然而，这也意味着图像传感器本身无法明确地区分不同的颜色。为了获得彩色图像，一般需要在图像传感器上放置彩色滤光片，常见的是拜尔式（Bayer pattern）彩色滤光片。然后，通过对相邻像素颜色进行差值计算，就可以完成图像颜色的过渡，从而获得高质量的彩色图像。因此，在不同的光照条件下，选择正确的图像信号处理器（ISP）及其参数非常重要，以确保能够准确地检测和处理图像中的几何特征。此外，相机的性能还受到图像传感器和图像信号处理器的综合影响，因此，对于不同的使用场景，需要根据实际需求进行动态调整，以实现最佳的成像效果。

④机械设计（mechanical design）：机械设计在自动驾驶领域中扮演着非常重要的角色，尤其是当设备上装有多个传感器时（例如一组相机）。机械设计需要考虑如何将各个传感器的位置固定在一个合适的位置，以便于获取最佳的数据质量。同时，机械设计也需要考虑到设备在日常工作中会面临的各种环境因素，如振动、温度等，以确保传感器的刚性连接和相对位置的稳定性。一个优秀的机械设计可以尽量减少设备对传感器进行重新校准的需求，从而提高设备的稳定性和可靠性。此外，机械设计也需要考虑设备的易用性和易维护性，以便于设备的维护和更新。

⑤传感器融合（sensor fusion）：在面对需要多个传感器的场景时，传感器融合可以说是一个挑战，因为每个传感器的加入都会给系统的校准和同步带来更大的难度以及复杂性。为了解决这个问题，我们需要将不同传感器的数据在空间和时间上进行校准和对齐，以确保在使用融合后的数据之前，数据已经经过了充分的处理和预处理。

⑥计算系统（computing systems）：在实践中，计算机视觉算法的计算成本通常非常高，一般的处理器是不能够胜任这项工作的。因此，开发一个能够提供高帧率和高精度的计算系统是一项具有挑战性的工作。为了解决这个问题，现在有多种计算机视觉加速方法可供选择，比如并行处理、硬件加速或者通过网络将复杂的计算转移到另一个具有更高算力的机器上等方法，可以有效地解决上述的问题。

⑦算法（algorithms）：一旦我们拥有了设计好的传感器系统和计算系统，最后一步就需要决定在自己的计算机视觉系统上运行什么算法了。通常情况下，计算机视觉可以用于自动驾驶的感知和定位模块。对于定位模块，如果只使用视觉系统，一般会使用视觉同步定位和建图算法（VSLAM）来进行定位。如果使用了视觉系统和惯性测量单元（IMU），那么可以设计一个视觉-惯性里程计（VIO）来完成车辆的定位。如果使用了视觉系统、IMU和全球导航卫星系统（GNSS）这三种传感器，那么可以将VIO与GNSS结合，组成VIO-GNSS的融

合定位系统。其中，GNSS可以在信号良好的情况下给出准确的真值数据。在感知方面，我们可以通过使用双目立体摄像头，基于两个摄像头生成的视差图来完成深度估计。此外，近年来越来越多的研究也在使用深度学习技术对图像进行分割，以获取所需的结果。

6.2.2　硬件同步

假设整个计算机视觉硬件使用了上文所说的传感器融合方案，这一小节我们将向读者展示如何将不同的硬件传感器进行同步。比如说，当我们需要通过双目立体视觉的视差来计算出物体的深度信息时，那么两个摄像头的图像必须进行时间同步，否则，如果说左边的图像相较于右边的图像有100ms的延迟，那么整个系统将没有办法计算出准确的深度信息，特别是将这个计算机视觉设备部署在移动的自动驾驶车辆上时。简而言之，随着系统中增加了越来越多的传感器，例如IMU、GNSS等，系统的硬件同步设计也将会变得越来越复杂。

如图6.3所示，为整个硬件的延迟以及传输通信流程。图像传感器（image sensor）与图像信号处理器（ISP）之间的信号传输是通过移动工业处理器接口（MIPI）实现的，其中CMOS图像传感器到ISP以及ISP到CPU之间的延迟大约是10ns。IMU与CPU之间的信号传输一般会通过I2C接口完成，延迟也是在10ns左右。与IMU相比，我们可以看到图像传感器在ISP上还存在一个10ms左右的图像预处理过程，这个固件（firmware）处理的时间一般是固定的，在数据同步的阶段需要考虑这部分的延迟。此外，在CPU中还存在三个部分，分别是驱动程序（driver）、执行时间（runtime）以及应用（application）。在整个计算机视觉系统中，这些部分的延迟都需要考虑在内，以保证整个系统的实时性和准确性。

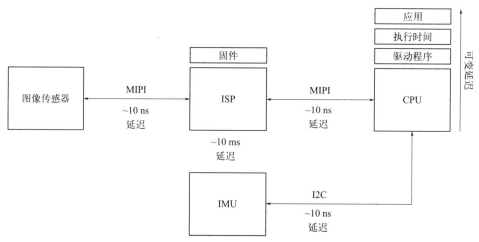

图6.3　硬件时间同步流程

总体而言，越接近原始数据的位置完成传感器的时间同步，观测的传感器时间越准确，与真实时间的差异也越小。例如，有些硬件可以在图像传感器到图像信号处理器（ISP）之间完成时间同步，这将得到一个约为10ns的延迟，几乎可以忽略不计。然而，如果我们在CPU应用程序层面上使用程序完成时间同步，那么可能会出现高达100ms的延迟，这对于高速移动的车辆而言可能会是灾难性的。

因此，对于双目立体视觉摄像头来说，如果两个图像传感器都连接到同一个图像信号处理器（ISP），那么有一个有效且简单的方法可以实现两个图像传感器之间的同步。这种方法是通过 ISP 来完成图像传感器之间的硬件同步信号的触发，并同时触发自动曝光和图像预处理等功能，以提高图像质量。通过这种方法，两个图像传感器可以同步捕捉到相同的场景，避免了在后期图像处理时出现的时间不一致的问题，从而提高了立体视觉系统的测量精度和图像质量。

6.2.3   计算

通过上述步骤，我们已经得到了传感器数据的时间同步集合。接下来，需要考虑如何对这些传感器数据进行计算，以得到我们所需的结果。一般而言，计算机视觉对于算力的要求极高，因此工程师需要在帧率和算力之间寻求平衡。如果使用商用的嵌入式处理器，很难实现高帧率（例如 15 帧 /s）的计算机视觉处理，通常只能降低帧率进行处理，这会限制自动驾驶的移动速度提升。

如果我们选择高性能的处理器，虽然可以带来更高的帧率，但成本和功耗也将成为主要问题。由于自动驾驶车辆和智能机器人是工作在有限机载能源下的移动系统，因此低功耗是非常重要的因素。

目前，有许多软件层面上的技术可以间接优化性能。例如，最简单的方法是降低图像分辨率，但这也会降低图像质量，对自动驾驶车辆的感知和定位能力产生负面影响。因此，我们需要寻找更加高效的算法来处理数据，以在不牺牲精度的情况下降低计算成本和功耗。

而另一种软件层面上的优化技术就是利用并行计算，例如同时使用多个处理器、图形处理单元（GPU）或数字信号处理器（DSP）[2]。这种技术涉及对一些软件代码片段更加深入细致地重写，这大大加深了开发的难度。但幸运的是，目前已经有许多完善的库来帮助开发者完成这样的工作，例如 OpenCL[3]、ARM Compute Library[4] 以及基于 CUDA 并行加速的 OpenCV[5] 等。

如果说上述的软件层面上的优化技术仍然不能满足读者的计算需求，那读者可以尝试设计自定义的硬件，如参考文献[6]、[7] 中那样。一般来说，为了实现最佳的硬件加速，工程师们先需要确定计算任务组合（computing pipeline）的计算瓶颈，并开发专门的硬件来加速关键的计算路径，当然随之带来的是高昂的成本。本书第 11 章将会对自动驾驶中计算核心的硬件加速方法进行全面介绍。

6.3   相机标定

传感器的标定一般指的是确定传感器内参（针孔模型中的相机焦距）和外参（相对于世界坐标系或另一个传感器坐标系的位置以及方向）的参数校准过程。可以这么说，标定是自动驾驶车辆和智能机器人能够在真实场景中完成感知和定位应用的一个重要前提条件。

为了方便读者理解，这里举个例子，在自动驾驶车辆和智能机器人中，为了融合不同传感器的测量结果，如实现相机和 IMU 的同步定位和映射（SLAM）计算，所有传感器的测量结果都必须映射到一个共同的坐标系框架下，这就导致我们需要知道传感器与基础坐标系的相对位置。在本节中，除了会介绍传感器标定的基本原理，还会介绍一个开源的标定工具——Kalibr[8, 9]。如果有读者想要更详细地深入了解传感器校准的技术细节，可以参考相关书籍[10]。

6.3.1　内参

内参（intrinsic parameters）一般指的是那些不依赖于外部环境，以及不受传感器安装位置影响的参数。例如在针孔模型中，我们会用 u 和 v 来表示特征点［如：标志点（landmark）］在图像平面上的二维投影，其中 x、y 和 z 表示了相应特征点在世界坐标系三维空间中的位置，其中坐标原点位于相机的焦点处。用 f 变量来表示相机的焦距。在针孔模型中，摄像机的焦距 f 一般来说是一个内参，通常是未知的或者是只知道大概数值的。所以在使用任何传感器融合算法之前，都需要对该相机模型进行焦距的精确标定。这种操作一般被称为相机的内参标定。与相机类似的还有许多其他传感器，如轮式编码器（wheel encoders）、IMU、LiDAR等，它们都有自身的内参，所以这些传感器在使用前也必须进行内参标定。

6.3.2　外参

外参（extrinsic parameters）一般指的是那些描述传感器相对于参考坐标系的位置和方向（统称为姿态）的参数。如果说，传感器的姿态是以全局坐标系作为参考坐标系的，那么该姿态参数通常被称为全局定位参数，一般来说，这些不同种类的传感器通常有有效的算法来针对性地标定出外参[10]。

举个例子，如果说我们要对 3D 相机进行定位，那首先就要对相机姿态的六个自由度进行标定，而这种一般会需要至少四个非共线的标志点（landmarks）来完成观测值的计算，而且这些标志点在全局坐标系中的位置应该是已知的；或者需要有至少三条直线是已知的，并且这些直线在三维空间中的方向是线性独立的，这样也可以求出相机的六个自由度。

除上面提到的全局标定以外，在许多系统中还会将多个传感器刚性连接到同一个设备上。为了确保系统观测的可靠性以及能够尽可能地鲁棒，降低单个传感器之间转换误差过大的问题，所以需要在多传感器数据融合之前有一个尽可能准确的外参标定的测量值。又因为融合算法只有在传感器空间相关的时候，才能够在同一个坐标系下处理多个传感器输入的测量量，因此我们需要对传感器与传感器的转换进行外参标定，以便使用一个共同的参考坐标系来统一所有传感器测量值的输入位置。这种估计传感器到传感器外参转换的过程一般被我们称为传感器的外参校准。

下面我们来说一下除了相机外参标定以外的其他两个传感器（IMU 到 GPS）的外参标定情况。通常来说，IMU 传感器会被安装在靠近车辆旋转中心的地方以避免饱和（saturation，模块对一个信号设定上下限）。GPS 天线这类的设备则一般会被安装在车辆的外部，以保证可以接收到良好的卫星定位信号。这样的安装位置就会不可避免地导致 IMU 和 GPS 之间有很大的距离。假如车辆将 IMU 传感器作为中心进行原地旋转，在这种情况下，GPS 的测量结果会显示线速度不为零，但是 IMU 根据线加速度的积分得到车辆的速度为零。如果说我们不知道 GPS 和 IMU 之间的外参信息，那就会没有办法解决这个矛盾，这就会导致任何融合这两个传感器的算法都会失效。

6.3.3　Kalibr

Kalibr 是一个在 Github 上开源的标定工具箱，它可以通过 UI 界面快速地解决机器人技术中常见的标定问题[8, 9]。首先，Kalibr 工具箱可以对多相机进行标定，并可以轻松计算出相机的内参（intrinsic）和外参（extrinsic），来生成一个非全局共享且具有重叠视场角的相机系统。其次，Kalibr 可用于视觉惯性系统的校准（相机 -IMU），一般来说，这种视觉惯性系统通常会被用于自动驾驶车辆和智能机器人的定位任务中。Kalibr 作为一个方便的工具，可以快速地生成 IMU 与相机的校准参数，来将 IMU 和相机在时间和空间上进行同步。最后就是Kalibr 可被用于多个 IMU 之间内参的校准。因此，Kalibr 是一个非常有用的标定工具，已经被广泛用于自动驾驶车辆和智能机器人的视觉惯性硬件系统的内参和外参的标定中。

（1）标定方法

Kalibr 工具箱支持三种不同的标定板。这里作者建议使用 Aprilgrid（如图 6.4 所示）。使用 Aprilgrid 标定板有以下好处：首先，Kalibr 支持相机不需要校准板全部可见即可完成该方法的外参标定；其次，该标定板使用了YAML 文件来完成配置，配置文件必须提供给校准工具。标定板可以在网络上下载，或使用下面的脚本自动生成。值得一提的是，Aprilgrid 标定板的图案设计可以有效减少误差和提高标定精度。

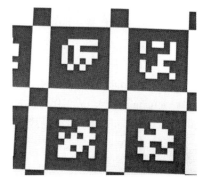

图 6.4　Aprilgrid 标定板

```
kalibr_create_target_pdf -h
```

（2）多摄像头标定

第 1 步：收集图像。通过编写一个机器人操作系统（ROS）包来读取原始图像数据。在整个流程中，多摄像头系统是固定的，而标定板在摄像机前移动，以获得待标定的图像。这里作者建议，在采集待标定数据时，将摄像头的视频流频率降低到 4Hz 左右，这可以减少数据集中的冗余信息，从而降低校准所需要的时间。

第 2 步：运行 Kalibr。这里使用下面的指令来运行 Kalibr。需要注意的是，由于初始估算的焦距不是准确值，所以在处理完前面几张图片后，优化可能会出现偏差。在这种情况下，请尝试重新启动标定程序，因为程序中处理的图像是随机挑选的。

```
kalibr_calibrate_cameras --bag [filename. bag] --topics[TOPIC_0 ... TOPIC_N] --models [MODEL_0
... MODEL_N] --target [target.yaml]
```

第 3 步：理解输出的标定结果。这里我们来展示一下 Kalibr 工具箱标定后产生的结果输出：report-cam-%BAGNAME%.pdf：这里指的是 PDF 格式的报告，当中包含了所有标定结果文档的图片。

results-cam-%BAGNAME%.txt：以文本形式输出标定结果的摘要。

camchain-%BAGNAME%.yaml：YAML 格式的结果，这个文件可以作为 camera-IMU 标定参数配置的标准输入。

（3）相机 -IMU 标定

前提：在进行相机 -IMU 标定之前，需要事先对 IMU 的内参进行校准，并将其校正结果作为相机 -IMU 标定的原始数据。此外，必须创建一个包含加速度计、陀螺仪噪声密度（noise density）和偏差随机游走（bias random walk）的 YAML 文件。

第 1 步：收集图像。编写一个机器人操作系统（ROS）包来读取原始图像数据以及创建一个包含 IMU 测量值的 CSV 文件。其中，标定板在这个相机 -IMU 标定中是固定的，相机 -IMU 系统会在标定板前方随机移动，这样的操作可以使 IMU 所有的轴都进行测量，从而完成 IMU

所有轴的激活。同时需要确保标定板有着良好的照明，并且保持较低的相机快门时间，以避免过长的曝光时间造成的运动模糊。将摄像机的采样速率设为 20Hz，IMU 的采样速率设置为 200Hz，这样就可以获得良好的测量结果。

第 2 步：运行 Kalibr。用下面的命令来运行 Kalibr。

```
kalibr_calibrate_imu_camera --bag [filename. bag] --cam
[camchain.yaml] --imu [imu.yaml] --target [target.yaml]
```

第 3 步：理解输出的标定结果。这里我们来展示一下 Kalibr 工具箱标定后产生的结果输出：

report-imucam-%BAGNAME%.pdf：这里指的是 PDF 格式的报告，当中包含了所有标定结果文档的图片。

results-imucam-%BAGNAME%.txt：以文本形式输出标定结果的摘要。

camchain-imucam-%BAGNAME%.yaml：YAML 格式的结果，这个文件是基于上面一小节 camchain.yaml 文件的参数生成的，这里增加了所有相机相对于 IMU 的外参变换。

（4）多 IMU 内参校准

Kalibr 工具箱的扩展版本除了支持本章前面所说的多相机和多 IMU 的时空校准以外，它还有 IMU 自身内参估计的功能，同时支持加速度计 Y 轴和 Z 轴相对于 X 轴的位移的估算。

前提：在进行相机 -IMU 标定之前，需要事先对 IMU 的内参进行校准，并将其校正结果作为相机 -IMU 标定的原始数据。此外，必须创建一个包含加速度计、陀螺仪噪声密度（noise density）和偏差随机游走（bias random walk）的 YAML 文件。

第 1 步：收集图像。编写一个机器人操作系统（ROS）包来读取原始图像数据以及创建一个包含 IMU 测量值的 CSV 文件。其中标定板在这个相机 -IMU 标定中是固定的，相机 -IMU 系统会在标定板前方随机移动，这样的操作可以使 IMU 所有的轴都进行测量，从而完成 IMU 所有轴的激活。同时需要确保标定板有着良好的照明，并且保持较低的相机快门时间，以避免过长的曝光时间造成的运动模糊。将摄像机的采样速率设为 20Hz，IMU 的采样速率设置为 200Hz，这样就可以获得良好的测量结果。

第 2 步：运行 Kalibr。用下面的命令来运行 Kalibr。

```
kalibr_calibrate_imu_camera --bag [filename. bag] --cam
[camchain.yaml] --imu [imu.yaml] --target [target.yaml]
```

除此之外，Kalibr 的扩展框架中还有许多附加选项。

--IMU IMU_YAMLS [IMU_YAMLS ...]：这个选项需要读取一个 yaml 文件列表，因为整个系统中每个 IMU 都应该有一个 yaml 配置文件。其中，yaml 文件中第一个 IMU 将会参考 IMU(IMU0)。

--IMU-models IMU_MODELS [IMU_MODELS ...]：这个选项需要获取一个 IMU 传感器模型的列表，其长度需要与上面的 --IMU 列表相同。

目前多 IMU 内参标定支持的模型有已经标定校准的模型（calibrated）、尺度对齐的模型（scale-misalignment）和尺度对齐以及尺寸效应模型（scale-misalignment-size-effect）。在 Kalibr 中默认选择是已经标定校准的模型（calibrated）。在没有提供模型的情况下，也会假定该模型是已经标定校准的。

第 3 步：理解输出。在多 IMU 内参标定中会产生以下输出：

report-imucam-%BAGNAME%.pdf：这里指的是 PDF 格式的报告，当中包含了所有标定结果文档的图片。值得注意的是，在绘制残差的图片中，还会显示三个 sigma 界限，这些界限的设置是保存在各自 IMU 原始数据的 yaml 文件中的，当然也可以通过选项 --reprojectionsigma 来设置 sigma 界限，从而提供一个假定的过程噪声强度范围，来促使噪声参数和模型有着直观的衡量。

result-imucam-%BAGNAME%.txt：这个 txt 文件包含了所选 IMU 模型计算出来的具体结果。当中的内容与 pdf 中的摘要相同。

imu-%BAGNAME%.yaml：为 YAML 格式的 IMU 校准结果。这个文件的内容取决于选项 --IMU-models 选择的模型。

6.4　计算机视觉定位

VSLAM 技术被广泛运用于自动驾驶汽车和智能机器人的定位。VSLAM 技术能够为自动驾驶汽车和机器人的实际应用提供两个最基本的信息，即"我"在哪里和"我"看到了什么[11]。这类 VSLAM 视觉定位技术近些年来受到广大开发者和研究者的青睐。虽然这些年来，SLAM 的理论体系已经发展得十分成熟了，但是想要将 VSLAM 技术不仅仅只是停留于理论和仿真研究，而是能较好地应用于实际的自动驾驶汽车或者智能机器人中，仍需开发者解决很多实际问题。

6.4.1　VSLAM 概述

VSLAM 系统的设计是以应用为导向的，因为不同的应用场景对其性能以及精度的要求也不尽相同。例如，对于一个移动机器人来讲，其需要能在大规模环境中进行建图并完成机器人自身的定位，这无疑会给闭环检测以及大规模后端优化带来极大的挑战。而对于增强现实（AR）和虚拟现实（VR）应用来说，其需要满足高精度、无抖动、低延迟的用户动作位置跟踪的需求，以便用户在观看虚拟内容时，设备可以为其提供沉浸式的体验。对于自动驾驶汽车来说，如何将多个传感器数据融合来实现各种环境下的高精度定位是问题的关键，这无疑给传感器的实时融合跟踪带来了极大的挑战。因此，现在的 SLAM 能否在实际应用中发挥实际作用，取决于传感器的选择。所以现在主流的传感器选择会依赖目标的应用场景来专门设计一个应用系统，并根据需求设计具体的实施细节。

目前主流的 SLAM 算法是伴随着传感器技术和计算平台发展的。一开始，SLAM 技术主要应用于配备了轮速编码器和测距传感器的机器人上。这时的 SLAM 系统主要是基于卡尔曼滤波器（Kalman filter）[12]的，通过将带有高斯噪声（Gaussian noise）的近似线性模型进行滤波处理来和 SLAM 系统联合估计出机器人当前的姿态和地图（比如一组地标），也有一部分机器人会选择使用粒子滤波算法（particle filter）[13]来构建出多个假设（即粒子），以通过粒子的分布来完成机器人在全局地图中的定位。

一些被动触发式的传感器，例如 CCD/CMOS 传感器，正在变得物美价廉，也被各类厂商大规模地生产，因此，最近几年许多使用稀疏特征的 VSLAM 方法（例如 PTAM[14]，ORB-SLAM[15]）得到了快速发展。尽管绝大多数的 VSLAM 方法是通过图像特征来建立一个稀疏的点云的，但是仍有一些 VSLAM 方法通过三维刚体与相似变换将图像到图像对齐来直接估计出相机自身的姿态和深度信息（如 LSD-SLAM[16]），从而构建出一个更加密集的点云地图。

最近几年，使用 VIO 算法成为了主流，其作为一种将 IMU 与视觉融合，并用于定位任务的传感器融合方法，可以获得更加高效的效果。在这个系统中，IMU 可以提供高帧率的姿态估计，而相机（视觉传感器）则可以在前者的基础上提供精确的姿态校正和地图构建。视觉-惯性系统（visual-inertial systems）大致可以分为两类：紧耦合系统[17]和松耦合系统[18]。紧耦合系统联合优化了惯性（IMU）和视觉传感器的测量结果，因此可以在建图和跟踪任务中取得更高的精度。而相较于前者，松耦合系统则对于传感器之间的融合显得更加灵活，因此其对于时间戳同步和计算成本的要求较低。

6.4.2　ORB-SLAM2

ORB-SLAM2是一个支持单目、双目、RGB-D相机的开源SLAM框架，能够实时计算相机的位姿并同时对周围环境进行稀疏地图的三维重建。该算法可以实时地完成回环检测和相机的重定位[19]。

在ORB-SLAM2开源项目中[20]，作者提供了一个以KITTI数据集为例的ORB-SLAM2系统。在该数据集中支持ORB-SLAM2单目相机或双目立体相机两种模式运行。而在TUM数据集中，ORB-SLAM2则可以使用RGB-D相机或单目相机这两种模式运行该数据集。在EuRoC数据集中，ORB-SLAM2可以选择双目立体相机或单目相机模式完成SLAM定位和建图。为了方便管理数据流的通信，作者还提供了一个能够实时处理单目相机、双目立体相机和RGB-D相机流的ROS节点。当然ORB-SLAM2算法框架是不依赖ROS的，所以读者可以根据自身的需求对ORB-SLAM2算法选择合适的编译方式。除此以外，ORB-SLAM2算法还提供了一个图形化的用户界面，使用者可以在SLAM模式和定位模式之间进行切换。

6.4.2.1　准备工作

在安装ORB-SLAM2之前，我们需要先在电脑上做一些准备工作，来将所需的程序完成安装。第一点需要注意的是，因为作者已经将ORB-SLAM2在Ubuntu 14.04和16.04的系统上成功运行，所以这里建议在上述两个Ubuntu系统中选择一个版本进行安装。第二点需要注意的是ORB-SLAM2使用了C++11中的多线程库和时间库，需要使用C++11或C++0x编译器对其进行编译，因此我们需要选择上述两个编译器并编译其中之一。第三点需要注意的是ORB-SLAM2使用Pangolin来实现可视化和用户界面，因此我们需要确保安装了Pangolin库。第四点需要注意的则是ORB-SLAM2使用OpenCV进行图像和特征处理，因此我们需要确保安装了OpenCV库。第五点需要注意的是ORB-SLAM2使用Eigen3进行矩阵计算（主要用于g2o进行非线性优化），因此我们还需要确保安装了Eigen3库。最后，因为ORB-SLAM2使用的DBoW2库和g2o库都已经存放在了ORB-SLAM2的第三方文件夹中，所以我们无须另行安装。其中，DBoW2库用于回环检测进行位置识别，而g2o库则用于进行非线性优化。

6.4.2.2　构建 ORB-SLAM2 库

下面，我们将在本地构建一个ORB-SLAM2库。首先通过如下命令来克隆ORB-SLAM2仓库：

```
git clone https://github.com/raulmur/ORB_SLAM2.git ORB_SLAM2
```

在ORB-SLAM2中还提供了一个方便的脚本build.sh来快速构建第三方库和ORB-SLAM2。在进行构建工作之前，需要确保你的系统中已经安装了6.4.2.1中所述的内容，然后执行如下命令以构建ORB-SLAM2库：

```
cd ORB_SLAM2
chmod +x build.sh
./build.sh
```

这些命令会在 lib 文件夹下创建一个名为 libORB_SLAM2 的 .so 文件，并在 Examples 文件夹下创建一些可执行文件，如 mono_ tum、mono_kitti、rgbd_tum、stereo_kitti、mono_euroc 和 stereo_euroc 等。

6.4.2.3　运行双目立体摄像头数据集

KITTI 作为一个非常著名的自动驾驶算法的数据集[21]，包含了一个长达 6h 的用真实车辆采集的交通场景，其采样频率从 10 ～ 100Hz 不等，并且该数据集中使用了各种传感器进行数据采集，例如高分辨率彩色相机和灰度双目立体相机、Velodyne 三维激光扫描仪和高精度 GPS/IMU 惯性导航装置等。因为其获取的是真实世界中的各种交通场景，所以 KITTI 数据集能够给使用者提供各种各样的使用场景，你可以根据需求去选择使用人员稀少农村地区的高速公路或者是有许多静态和动态物体的城市内部道路，并且 KITTI 中提供的传感器数据是经过了校准、时间同步和标记的，并额外提供了校准后和原始的两种图像序列供使用者选择。

在本小节中，我们将会向你展示如何在 KITTI 中的双目立体数据集中去运行 ORB-SLAM2。该数据集可以从下面的链接进行下载使用。

http://www.cvlibs.net/datasets/kitti/eval_odometry.php

我们可以执行以下命令来在数据集中运行 ORB-SLAM2，为了使得文件名称更加便于理解，我们可以将 KITTIX.yaml 改名为 KITTI00-02.yaml、KITTI03.yaml 或 KITTI04-12.yaml 来分别代表序列号为 0 ～ 2、3 和 4 ～ 12 的数据集。然后将其中的 PATH_TO_DATASET_FOLDER 改为 KITTI 数据集所在文件夹的路径，并将 SEQUENCE_NUMBER 改为 00、01、02、…、11 等（即在 sequence/ 后面加上需要的序号）。

```
./Examples/Stereo/stereo_kitti Vocabulary/ORBvoc.txt Examples/Stereo/KITTIX.yaml PATH_TO_
DATASET_FOLDER/dataset/sequence
```

6.5　计算机视觉感知

在本节中，我们将介绍两种使用计算机视觉感知的技术：双目图像估算深度以及目标实例分割。通过目标实例分割技术，可以从图像中提取出检测到的物体语义信息，例如检测到的目标到底是汽车还是行人。在该技术的基础之上，我们还可以通过深度估计技术来计算出被检测到的目标的深度信息（即离相机的距离）。通过将这两个技术进行结合，系统可以做到正确识别环境中所有目标物体的空间信息（距离）和语义信息（种类），该信息是规划和控制模块做出最终决策时必不可少的一环。

为了让 VSLAM 能够更好地在自动驾驶汽车和智能机器人领域中发挥作用，我们对双目深度估计算法的运行速率提出了很高的要求。只有算法的运行帧率大于 30 帧 /s 时，才能保证自动驾驶汽车在正常行驶时能够使用该算法。另一方面，估计出的深度的误差会随着距离的增加而快速增大，所以我们通常需要选用高分辨率的图像，来保证摄像头获取到物体的三维位置信息的精度[22]，但随之带来的是，高分辨率的图像会对系统的计算能力提出更高的要求。因此，这一问题的关键在于如何能在不牺牲深度、精度的情况下还能满足汽车的正常驾驶的需求。

基于局部特征的双目立体视觉匹配算法的实时性通常很好，但是我们需要选择合适的局部窗口[23]。如果窗口选得太小会导致窗口之间的匹配率较低，而窗口选得较大则会导致边界出现"伪影"（指物体两边的边界逐渐消失），所以我们需要在两者之间做出权衡。因此，该方法很难处理纹理不清晰或者表面模糊的物体。另一方面，我们可以通过全局匹配算法来获得密集且精准的匹配效果。该算法通过最小化基于 MRF 的能量函数来显著地提升匹配的平滑度[24]。但是全局匹配算法需要极高的计算能力。在本章的后半部分，我们将介绍 ELAS 算法（Efficient LArge-scale Stereo），该算法在保证输出密集且精确的匹配效果的同时，还能利用双目相机快速地估算出深度[25]。

在目标检测领域，R-CNN 作为一种使用边框的目标检测方法，主要用于寻找一定数量范围内的候选目标区域，并在每个感兴趣区域（ROI）中分别使用卷积神经网络模型识别出候选区域的类型[26]。相较于 R-CNN，Faster R-CNN 引入了一个区域候选网络（Region Proposal Network，RPN），该网络与检测网络共享输入图像的卷积特征[27]。在这些算法的流程中，网络是先进行图像的分割，然后再进行图像的识别的，这就导致了这些网络识别速度慢且准确率低。在 6.5.2 小节中，我们将会介绍 Mask R-CNN 算法，该算法是基于 mask 掩模和类标签的并行预测，相较于上述提到的方法，Mask R-CNN 更加简单且更加灵活[28]。

6.5.1　双目立体深度感知算法——ELAS

正如"Efficient large-scale stereo matching"[25] 一文中介绍的，ELAS 是一个用于双目立体视觉匹配的生成式概率模型，通过减少匹配关系上的歧义性来允许使用小聚合窗口进行密集匹配。ELAS 通过在一组鲁棒匹配对应项上形成一个三角形（将其命名为"支持点"）来在视差空间上建立先验。由于建立的先验是分段线性的，所以该算法不会在纹理较差和存在倾斜的表面的情况中出现问题。因此，ELAS 是一种高效的算法，其减少了搜索空间，并可以很容易实现并行操作。ELAS 的作者证明了 ELAS 能够实现最先进的性能，与主流的方法相比，ELAS 速度显著地提高了三个数量级。

LIBELAS（LIBrary for Efficient LArge-scale Stereo matching）是一个跨平台的 C++ 库，该库主要用于计算出大型图像的视差图（disparity maps）[29]。例如，你可以向 LIBELAS 输入一对大小相同的校正后的灰度双目立体图像来让其生成对应的视差图。

在编译 LIBELAS 之前，请确保你的系统内已经安装好了 CMake（如果没有安装，可在该网址进行下载和安装：http://www.cmake.org），在使用 C++ 去编译 LIBELAS 时，CMake 是必需的。如果你使用的是 Liunx 系统，可以通过以下步骤来编译 LIBELAS：

步骤一：移动到 LIBELAS 根目录；

步骤二：键入 'cmake .'；

步骤三：键入 'make'；

步骤四：运行 './elas demo'.

通过上述步骤，系统可以计算出"image"路径下图像的视差图。

6.5.2　目标实例分割算法——Mask R-CNN

实际上，Mask R-CNN 算法是 Faster R-CNN 算法的一个延伸，相较于后者，其增加了一个用于预测每个 ROI 分割掩模的分支。该分支与现有的分类和边界框回归的分支并行运行[28]。相较于 Faster R-CNN 算法，Mask R-CNN 算法的训练和实现更加容易，这归因于其灵活的架构设计。此外，掩模分支仅增加了少量计算，但是提升了整个系统的效率，这使得搭建一个系统速率满足自动驾驶的需求成为可能。

从原理上来看，Mask R-CNN 算法是 Faster R-CNN 算法的一个直观扩展，前者通过正确地构建掩模分支取得了一个更好的效果。更重要的是，Faster R-CNN 算法并不是为了满足网络输入和输出之间像素级的一一对齐而设计的，而 Mask R-CNN 算法增加了一个简单的、无量化的层（通常被称为 ROI Align），该层可以精确地保留图像原来真实的空间位置。ROIAlign 使得掩码精度从 10% 提升到了 50%。除此以外，Mask R-CNN 算法还可以实现掩码和类别预测的解耦，其会独立地为类别（ROI）输出一个二进制掩码，这些类别之间不存在竞争，仅依靠网络的 ROI 分类分支来预测。

开源版本 Mask R-CNN 算法可以在 github 上的 Mask R-CNN 项目中找到[30]（该项目的链接：https://github.com/matterport/Mask_RCNN），该项目中包含不同框架下的 Mask R-CNN 算法包（例如 Python 3、Keras 和 TensorFlow 等）。该模型可以为图像中的物体实例生成边框和分割掩模 mask。该模型以特征金字塔网络（FPN）和 ResNet101 为主干网络（backbone）。该代码库包含的内容如下所示：一个基于 FPN 和 ResNet101 的 Mask R-CNN 算法的源代码、基于 MS COCO 数据集（Microsoft Common Objects in Context，是微软团队获取的一个可以用来图像 recognition+segmentation+captioning 的数据集）的训练代码、基于 MS COCO 数据集的预训练权重、为多 GPU 训练提供的并行模型分类、基于 MS COCO 数据集的评估（应用处理器 AP）。

我们可以通过以下步骤来安装 Mask R-CNN 代码库（输入命令如下所示）：

```
git clone https://github.com/matterport/Mask_RCNN
pip3 install -r requirements.txt
python3 setup.py install
```

此外我们还可以从 https://github.com/matterport/Mask_RCNN/releases 中下载基于 MS COCO 数据集的预训练权重（mask_rcnn_coco.h5）。

如果想要在 MS COCO 数据集中进行代码的训练和测试，则需要在 https://github.com/waleedka/coco 中下载并安装 pycocotools。

6.6 DragonFly 系统的计算机视觉模块

DragonFly 系统的传感器模块如图 6.5 所示，PerceptIn 公司的 DragonFly 系统利用将计算机视觉与其他传感器进行融合来获得汽车或机器人精确的位置并对周围进行感知，以满足户外低速自动驾驶汽车的需求[31,32]。下面我们来简单介绍该计算机视觉模块的具体组成部分，其包含的设备如下所示：4 个硬件同步的高清全局快门相机（前后各一对双目立体相机）、一个 IMU 设备、一个 JETSON TX1 计算模块和一个 GNSS 接收模块（Global Navigation Satellite System，全球卫星导航系统，并通过 GNSS 接收模块拿到自动驾驶汽车的三维坐标和速度以及时间信息）的接口。

相较于其他计算机视觉模块，该模块具有以下优势。DragonFly 系统的计算机视觉模块不仅能够实现相机间的硬件同步，而且还可以实现 IMU 的硬件同步。该模块将很多 SLAM 数

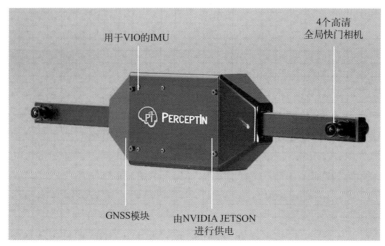

图 6.5　DragonFly 系统的传感器模块

据进行预处理，从而降低了开发者通过该设备进行视觉 SLAM 开发的难度。除此以外，该模块的双目立体相机具有 50cm 的基线（两个相机的光心之间的距离），其远远大于一般计算机视觉模块中相机的基线的长度，这也使得该模块可以实现远距离的感知，该模块甚至可以探测 300m 以外的物体[33]。然而，该模块也存在着缺陷，多传感器和长距离基线相机的设计大大增加了该模块的校准难度。因此我们单独出了一段视频用于介绍该模块在进行校准时的一些细节（校准视频链接：https://www.youtube.com/watch?v=tRhGStjnS6M）[34]。

6.6.1　DragonFly 定位接口

在该系统中，DragonFly 传感器模块通过运行 PerceptIn 公司开发的特殊的 VIO 算法来获得精确的汽车位置和方位信息。然而，VIO 算法本身存在着累积误差的缺陷，汽车行驶的距离越长，累积误差越大，其位置信息就越不准确。因此，仅靠 VIO 算法没办法实现长期获取汽车位置的准确信息。

为了解决上述累积误差的问题，我们可以将 GNSS 的实时动态定位（real-time kinematic，RTK）结果与 VIO 定位结果相结合。当 GNSS 信号较好时，RTK-GNSS 可以为自动驾驶汽车提供非常精确的位置信息，该信息可以用于纠正和减小 VIO 算法累积的位置误差。另一方面，当 GNSS 信号较差或者发生多路径效应（multipath problems，会使得汽车接收机接收到的卫星信号为失真的卫星发射信号）时，通过 VIO 算法来为自动驾驶汽车提供精确的位置信息。在过去的十几年中，我们通过大量实验验证了该方案的有效性。

下面的数据结构能够显示我们是如何将 VIO 定位结果和 GNSS 定位结果相融合到一起的。VIO 算法不断计算出相对于起始位置的局部坐标系位置（tx, ty, tz）和四元数（qx, qy, qz, qw）。为了能提高 VIO 和 GNSS 之间的兼容性，VIO 每次更新完这些位置数据之后，都需要将其转换为通用墨卡托（universal transverse Mercator，UTM）格式（utm_x, utm_y, heading），该数据格式是 GNSS 设备所使用的绝对坐标。

当 GNSS 信号良好时，GNSS 的定位信息被直接反馈到控制和规划模块用于汽车的实时定位，与此同时，该信息也会被反馈到定位模块中的扩展卡尔曼滤波器（extended Kalman filter）以纠正和减小 VIO 的累积误差。而当 GNSS 信息较差时，系统会先将 VIO 定位信息转换为

UTM 格式，然后再将其反馈给控制和规划模块用于完成自动驾驶汽车的控制。

```
typedef struct PILocalizationVioMsg_
{
// Sensor module' s timestamp, in the unit of second
double stamp;
double gstamp; // gps global timestamp

// position of DragonFly under the world coordinate
double tx;
double ty;
double tz;

// orientation (quaternion) of DragonFly under the world coordinate
double qx;
double qy;
double qz;
double qw;

// UTM coordinates, valid when gnss_fusion is enabled
double utm_x;
double utm_y;
int utm_zone;
double gheading;       // heading from GPS

// gnss fusion pos_status
int fusion_mode;       // 0: gps bypass; 1: vio fusion
int pos_status;        // position status under gps bypass mode
int heading_status;    // heading status under gps bypass mode
double accuracy;       // 0.0 under gps bypass mode; represents the accuracy
                       // under vio fusion mode
} PILocalizationVioMsg;
```

6.6.2　DragonFly 感知接口

在该系统中，DragonFly 传感器模块通过运行 PerceptIn 公司开发的感知算法来获得障碍物精准的空间信息和语义信息。空间信息指的是我们通过双目立体视觉（这里指代的是自动驾驶汽车上的双目立体相机对）来检测目标物体相对于汽车车头中心的距离。而语义信息指的是我们使用深度学习等方法提取出的目标物体的类型（例如行人、自行车、汽车等）。感知系统可以将两个信息结合起来以获取不同类型的物体与自动驾驶汽车之间的距离。最终，规划和控制模块依据这些信息和汽车当前状态信息（比如车速）来做出智能决策，以保证自动驾驶汽车在行驶过程中的安全。

除此以外，感知系统还结合了主动感知数据（来源于 DragonFly 传感器模块）与被动感知数据（来源于雷达和声呐），从而为汽车提供当前环境的全方位的感知。

感知模块应用程序接口（API）及其相关参数结构如下所示：

```
Perception API:
unsigned int GetObstacles(Perception_Obstacles *perceptionObs);

Return value:
The return value is a 32bit unsigned int. The meaning of each type in the return data is
defined as follows,
reserved    | sonar       | radar       | vision
bit[31-24]           | bit[23-16]  | bit[15-8]   | bit[7-0]
```

```
Data structure:
typedef struct _PerceptionObstacle {
SensorType sensor_type;              // SensorType: Enum Type to represent
                                     // Radar, Sonar, Vision
int sensor_id;                       // There are multiple Radars/Sonars
int obj_id;                          // Obstacle id
double timestamp;
Pose3D pose;                         // Obstacle position in vehicle
                                     // coordinate
Arc2D arc;                           // Sonar output arc
Velocity3D velocity;                 // Obstacle velocity
float power;                         // Reflection power of Radar
ObstacleType obs_type;               // ObstacleType: Enum type to represent
                                     // the class of an obstacle
double confidence;                   // Confidence level of the detection type
                                     // and result in terms of percentage
std::vector<Point2D> obs_hull;       // 2D Vision detected obstacle
                                     // ostream operator overload enable std::cout
friend std::ostream &operator<<(std::ostream &os, const _Perception_Obstacle &pObs);
} Perception_Obstacle, *PPerception_Obstacle;
```

Perception_Obstacle 中的一些具体定义如下所示:

```
typedef struct _Pose3D {
double x;        // unit: meter
double y;        // unit: meter
double z;        // unit: meter
double heading;  // in vehicle coordinate, unit: radian
} Pose3D, *PPose3D;

typedef struct _Arc2D {
// (x, y) is center of the arc.
double x;             // unit: meter
double y;             // unit: meter
double start_angle;   // unit: radian
double end_angle;     // unit: radian
double radius;        // unit: meter
} Arc2D, *PArc2D;

typedef struct _Velocity3D {
double vel_x;         // unit: meter/s
double vel_y;         // unit: meter/s
double vel_z;         // unit: meter/s
} Velocity3D, *PVelocity3D;

enum ObstacleType : char {
UNKNOWN = 0,
UNKNOWN_MOVABLE = 1,
UNKNOWN_UNMOVABLE = 2,
PEDESTRIAN = 3,     // Pedestrian
BICYCLE = 4,        // bike, motor bike.
VEHICLE = 5,        // Passenger car, bus or truck.
};
```

6.6.3　DragonFly+ 系统

为了提升自动驾驶汽车的安全性和可靠性，我们对下一代 DragonFly 提出如下四个基本要求：

① 模块化：需要配备一个能够通过计算机视觉进行定位和测绘的独立的硬件模块。

② SLAM 优化：需要更好地将四台相机与 IMU 进行硬件同步。

③ 低功耗：将系统的总功耗限制在 10W 以下。

④ 高性能：在 720P 的 YUV 图像中运行帧数需要大于 30。

需要注意的是，在此结构设计下，即使其处理速度只有 30 帧 /s，但系统每秒也会产生 100MB 左右的原始图像数据，因此该方法对系统的计算能力提出了极高的要求。通过初步的分析计算，我们发现图像的前端处理（比如图像的特征提取）所花费的时间占总处理时间的 80% 以上。

为了满足上述设计要求，我们设计并实现了 DragonFly+，这是一个基于 FPGA 的实时定位模块[35]。其具体结构如图 6.6 所示。DragonFly+ 系统具有如下特点：①实现了四个图像通道与 IMU（inertial measurement unit）之间的硬件同步；②通过无缓冲 IO 架构（direct IO architecture）来减少片外存储通信；③通过全流水架构（fully pipelined architecture）来加快定位系统在图像前端处理时的速度。并且该系统还采取了并行和复用处理技术，该技术能够有效缓解带宽和硬件对资源的消耗。

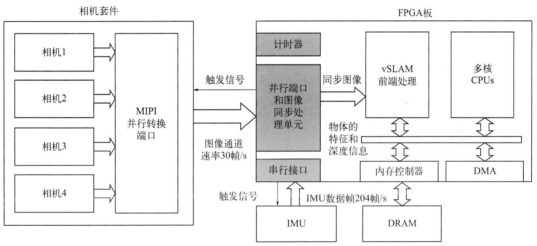

图 6.6 DragonFly+ 系统的硬件结构
（DRAM：动态随机存取内存；DMA：直接存储器访问）

我们对 DragonFly+ 硬件系统进行性能评估，并将其与 Nvidia TX1 GPU 片上系统（SoC）和英特尔酷睿 i7 处理器进行比较，结果如下，在系统处理四路高清图像（图像分辨率为 720 像素）时，DragonFly+ 的运行速度为 42 帧 /s，并且其消耗功率约为 2.3W，该性能完全满足我们的设计目标。与其相比，Nvidia Jetson TX1 GPU SoC 运行速度为 9 帧 /s，其功耗为 7W，而英特尔酷睿 i7 运行速度为 15 帧 /s，其功耗为 80W。因此相较于 Nvidia TX1，DragonFly+ 能耗效率提高 3 倍，计算能力提升近 5 倍，而与英特尔酷睿 i7 相比较，DragonFly+ 能耗效率提高 34 倍，计算能力提升近 3 倍。

参考文献

[1] YouTube (2017). Enabling Computer-Vision-Based Autonomous Vehicles. https://www. youtube.com/watch?v= 89giovpaTUE&t=62s (accessed 1 October 2019).

[2] Tang J, Sun D, Liu S, (2017). Enabling deep learning on IoT devices.Computer 50 (10): 92-96.

[3] Khronos (2019). OpenCL Overview. https://www.khronos.org/opencl (accessed 1 October 2019).

[4] Arm (2017). ARM Compute Library. https://www.arm.com/why-arm/technologies/ compute-library (accessed 1 October 2019).

[5] OpenCV (2019). CUDA. https://opencv.org/cuda (accessed 1 October 2019).

[6] Fang W, Zhang Y, Yu B, (2017). FPGA-based ORB feature extraction for real-time visual SLAM. In: 2017 International Conference on Field Programmable Technology (ICFPT), 275-278. IEEE.

[7] Tang J, Yu B, Liu S, et al (2018). π-SoC: heterogeneous SoC architecture for visual inertial SLAM applications. In: 2018 IEEE/RSJ International Conference on Intelligent Robots and Systems (IROS), 8302-8307. IEEE.

[8] Rehder J, Nikolic J, Schneider T, et al (2016). Extending kalibr: calibrating the extrinsics of multiple IMUs and of individual axes. In: 2016 IEEE International Conference on Robotics and Automation (ICRA), 4304-4311. IEEE.

[9] GitHub (2017). Kalibr. https://github.com/ethz-asl/kalibr (accessed 1 May 2019).

[10] Mirzaei F M (2013). Extrinsic and intrinsic sensor calibration. PhD thesis. University of Minnesota.

[11] Cadena C, Carlone L, Carrillo H, et al (2016). Past, present, and future of simultaneous localization and mapping: toward the robust-perception age. IEEE Transactions on Robotics 32 (6): 1309-1332.

[12] Kalman R E (1960). A new approach to linear filtering and prediction problems. Journal of Basic Engineering 82 (1): 35-45.

[13] Thrun S (2002). Particle filters in robotics. In: Proceedings of the Eighteenth Conference on Uncertainty in Artificial Intelligence, 511-518. Morgan Kaufmann Publishers Inc.

[14] Klein G, Murray D (2007). Parallel tracking and mapping for small AR workspaces.In: Proceedings of the 2007 6th IEEE and ACM International Symposium on Mixed and Augmented Reality, 1-10. IEEE Computer Society.

[15] Mur-Artal R, Montiel J M M, Tardos J D (2015). ORB-SLAM: a versatile and accurate monocular SLAM system. IEEE Transactions on Robotics 31 (5): 1147-1163.

[16] Engel J, Schöps T, Cremers D (2014). LSD-SLAM: large-scale direct monocular SLAM. In: European Conference on Computer Vision, 834-849. Cham: Springer.

[17] Qin T, Li P, Shen S (2018). Vins-mono: a robust and versatile monocular visual-inertial state estimator. IEEE Transactions on Robotics 34 (4): 1004-1020.

[18] Lynen S, Achtelik M W, Weiss S, et al (2013). A robust and modular multi-sensor fusion approach applied to MAV navigation. In: 2013 IEEE/RSJ International Conference on Intelligent Robots and Systems, 3923-3929. IEEE.

[19] Mur-Artal R, Tardós J D (2017). ORB-SLAM2: an open-source SLAM system for monocular, stereo, and RGB-D cameras. IEEE Transactions on Robotics 33 (5): 1255-1262.

[20] GitHub (2017). ORB-SLAM2. https://github.com/raulmur/ORB_SLAM2 (accessed 1 May 2019).

[21] Geiger A, Lenz P, Stiller C, et al (2013). Vision meets robotics: the KITTI dataset. The International Journal of Robotics Research 32 (11): 1231-1237.

[22] Gallup D, Frahm J M, Mordohai P, et al (2008). Variable baseline/ resolution stereo. In: 2008 IEEE Conference on Computer Vision and Pattern Recognition, 1-8. IEEE.

[23] Scharstein D, Szeliski R (2002). A taxonomy and evaluation of dense two-frame stereo correspondence algorithms. International Journal of Computer Vision 47 (1-3): 7-42.

[24] Felzenszwalb P F, Huttenlocher D P (2006). Efficient belief propagation for early vision. International Journal of Computer Vision 70 (1): 41-54.

[25] Geiger A, Roser M, Urtasun R (2010). Efficient large-scale stereo matching. In:Asian Conference on Computer Vision, 25-38. Berlin: Springer.

[26] Girshick R, Donahue J, Darrell T, et al (2014). Rich feature hierarchies for accurate object detection and semantic

segmentation. In: Proceedings of the IEEE Conference on Computer Vision and Pattern Recognition, 580-587. IEEE.

[27] Ren S, He K, Girshick R, et al (2015). Faster R-CNN: towards real-time object detection with region proposal networks. In: Advances in Neural Information Processing Systems, 91-99. Neural Information Processing Systems Foundation, Inc.

[28] He K, Gkioxari G, Dollár P, et al (2017). Mask R-CNN. In: Proceedings of the IEEE International Conference on Computer Vision, 2961-2969. IEEE.

[29] Geiger A (2019). LibELAS. http://www.cvlibs.net/software/libelas (accessed 1 May 2019).

[30] GitHub (2017). Mask R-CNN. https://github.com/matterport/Mask_RCNN (accessed 1 May 2019).

[31] YouTube (2018). DragonFly Sensor Module. https://www.youtube.com/watch?v=WQUGB-IqbgQ (accessed 1 October 2019).

[32] PerceptIn (2018). PerceptIn's DragonFly Sensor Module. https://www.perceptin.io/ products (accessed 1 May 2019).

[33] YouTube (2019). 300-meter Visual Perception Systems for Autonomous Driving. https:// www.youtube.com/watch?v=2_VfLZLy7Eo&t=21s (accessed 1 October 2019).

[34] YouTube (2018). (DragonFly Calibration. https://www.youtube.com/watch?v=tRhGStjnS6M &feature=youtu.be (accessed 1 October 2019).

[35] Fang W, Zhang Y, Yu B, et al (2018). DragonFly+: FPGA-based quad-camera visual SLAM system for autonomous vehicles. HotChips 2018, Cupertino, CA (19-21 August 2018). IEEE.

7

规划和控制

7.1 简介

如图 7.1 所示，为了生成车辆的实时运动信息，规划控制模块结合了感知模块输入的动态障碍物的实时信息、定位模块中车辆实时位置信息，以及地图模块中道路状态和静态障碍物的信息。基于以上模块的输入信息，规划控制模块可以生成车辆的运动规划策略。

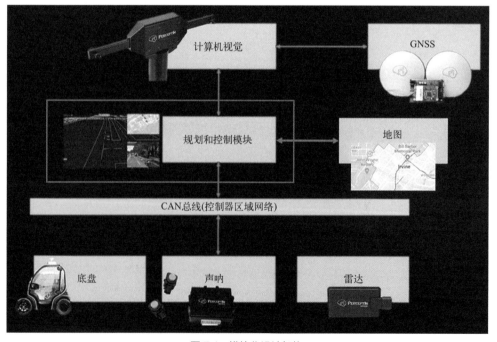

图 7.1　模块化设计架构

正如在参考文献[1]、[2] 中所详述的那样，一个典型的规划控制模块具有以下结构（图7.2）。首先，当用户输入目的地时，路径规划模块可以通过校验地图上的道路网络生成最佳路径。接着，将生成的路径传输至行为决策模块，此模块会校验交通规则并生成运动规范。随后将生成的路径点集序列和运动规范传输至运动规划模块，由此模块结合感知障碍物信息和实时车辆姿势来生成运动轨迹。最后，再将生成的运动轨迹传输至控制系统，由其结合车辆状态不断纠正所规划的运动在执行过程中的偏差，并输出转向、油门和刹车指令。

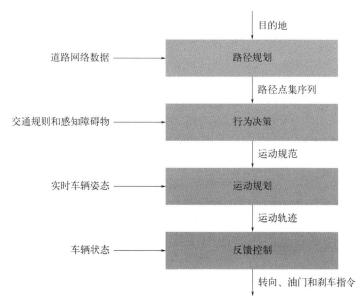

图 7.2　规划控制模块结构

在这一章中，我们将深入研究规划控制模块，并介绍其中的路径规划算法、行为决策算法，以及反馈控制算法。同时，我们还介绍了一个关于 Apollo 的迭代式最大期望规划算法（EM planner）的实际案例的研究，此算法是基于 L4 乘用车的自动驾驶而开发的。此外，我们介绍了 PerceptIn 的规划和控制框架，该框架是针对特定环境中实现低速自动驾驶而开发的，例如大学校园、游乐园、工业园区等。

7.2　路径规划

第一个子模块是路径规划模块，该模块通过校验地图上的道路网络信息，选择一条最佳的路径。具体来说，将道路网络视为一个有向图，每条边的权重代表穿越该路段的成本，那么寻找最佳路线的问题就可以表述为在道路网络图上寻找一条成本最低的路径。

7.2.1　有向加权图

根据定义，一个有向图是一个有序的二元组 $G=(V, E)$，其中 V 是 G 中顶点的集合，E 是有序的顶点对的集合，这种通常被称为有向边。它与无向图不同，后者通常是以无序的顶点对来定义的，这些顶点对通常被称为边。图 7.3 中所示的是一个加权有向图的例子。

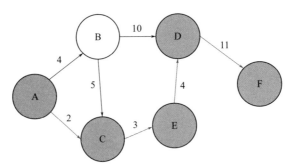

图 7.3　加权图数据结构

加权有向图也可以用来表示道路网络。例如，一个顶点可以表示为旧金山，另一个顶点可以表示为纽约，连接这两个顶点的边记录了这两个城市之间的距离。那么，在此道路网络上，路径算法可以寻找两个城市之间的最短路线。

7.2.2　迪杰斯特拉（Dijkstra）算法

首先，我们将在这里介绍第一种求解最短路径的算法：迪杰斯特拉（Dijkstra）算法[3]。该算法从起始点开始，每次遍历周围未被访问的节点，并找到其中距离最短的点，然后将其加入被访问的集合中。它从起点逐渐向外扩展，直至到达目标点。

详细情况如图 7.4 所示，迪杰斯特拉（Dijkstra）算法会迭代地计算从起始点到每个节点的最短距离，在每次迭代时会排除更长的距离。该算法主要由以下步骤组成：

① 设置所有节点的初始距离为"无穷大"；起始节点的初始距离为 0。

② 将起始点的距离值标记为永久的，其他节点的距离值标记为临时的。

③ 将起始节点设置为活动节点。

④ 将活动节点的距离值与各相邻边的权重相加，计算所有相邻节点到起始点的临时距离。

⑤ 若步骤④计算出来的某个节点的距离小于该节点当前的距离值，就更新这个距离，并将当前活动节点设为该节点的前置节点。这个步骤也被称为"更新"，是迪杰斯特拉（Dijkstra）算法的核心思想。

⑥ 将具有最小临时距离的节点设置为活动节点，将其距离标记为永久的。

⑦ 重复步骤④～⑦直到所有节点的距离都被标记为永久。

```
1:   function Dijkstra(Graph, source):
2:       for each vertex v in Graph:              // Initialization
3:           dist[v] := infinity                  // initial distance from source to vertex v is set to infinite
4:           previous[v] := undefined             // Previous node in optimal path from source
5:       dist[source] := 0                        // Distance from source to source
6:       Q := the set of all nodes in Graph       // all nodes in the graph are unoptimized - thus in Q
7:       while Q is not empty:                    // main loop
8:           u := node in Q with smallest dist[ ]
9:           remove u from Q
10:          for each neighbor v of u:            // where v has not yet been removed from Q.
11:              alt := dist[u] + dist_between(u, v)
12:              if alt < dist[v]                 // Relax (u,v)
13:                  dist[v] := alt
14:                  previous[v] := u
15:      return previous[ ]
```

图 7.4　Dijkstra 算法的伪代码

7.2.3　A*算法

虽然迪杰斯特拉（Dijkstra）算法能够保证找到一条最短的路径，但是当地图较大时，该算法的计算成本可能会非常高。有一种更快的算法，叫作贪婪最佳优先搜索算法，其原理与迪杰斯特拉（Dijkstra）算法类似。两者的不同之处在于：与迪杰斯特拉（Dijkstra）算法每次选择最接近起始点的节点的方法不同，此算法每次选择最接近目标点的节点。然而由于该算法依赖于启发式函数，所以并不能保证找到最短路径。

在本小节中，我们将介绍 A* 算法，该算法是迪杰斯特拉（Dijkstra）算法和贪婪最佳优先搜索算法的结合[4]。不仅能够像迪杰斯特拉（Dijkstra）算法一样寻找到最短路径，也能像贪婪最佳优先搜索算法一样使用启发式函数来进行引导。

迪杰斯特拉（Dijkstra）算法浪费了很多时间进行非必要的路径探索。贪婪最佳优先搜索算法在最有可能是最短路径的方向上进行探索，但它不一定能够找到最短路径。如图 7.5 所示，A* 算法同时计算从起点开始的实际距离和到达目标的预测距离。关于 A* 算法的详细介绍可以参考参考文献[5]。

```
frontier = PriorityQueue()
frontier.put(start, 0)
came_from = {}
cost_so_far = {}
came_from[start] = None
cost_so_far[start] = 0

while not frontier.empty():
    current = frontier.get()

    if current == goal:
        break

    for next in graph.neighbors(current):
        new_cost = cost_so_far[current] + graph.cost(current, next)
        if next not in cost_so_far or new_cost < cost_so_far[next]:
            cost_so_far[next] = new_cost
            priority = new_cost + heuristic(goal, next)
            frontier.put(next, priority)
            came_from[next] = current
```

图 7.5　A* 算法的伪代码

7.3　行为决策

在获得路径规划后，自动驾驶车辆必须能够遵循选定的路线进行行驶，并在行驶过程中遵循交通规则。根据感知到的其他车辆的运动状况，道路状况和信号灯状态，行为决策模块负责在该路径上规划合适的驾驶行为。

例如，当一辆自动驾驶汽车停在十字路口的停车线时，行为决策模块将会先发出停车的指令，并随后观察路口的交通状况，在发现自身可以通过十字路口后，则会命令车辆继续行驶。

然而，现实中的驾驶情况较为复杂，尤其是在城市环境中，预测其他车辆和行人的意图是一种很困难的行为。目前，业界对此类车辆和行人意图的预测问题进行了深入研究，并提出了一些基于机器学习的解决方法，例如高斯混合模型（GMMs）[6]。

对于其他未被观测到的交通参与者行为不确定性的问题（例如由 GMMs 产生的），在行为决策层中通常会使用概率决策模型来模拟。例如有限状态马尔可夫决策过程（MDPs）。部分可观察马尔可夫决策过程（POMDP）框架可以用来模拟未观测到的驾驶场景和行人意图并进行显式建模，并产生特定的近似解决策略[7]。

具体来说，POMDP算法是MDP的一个泛化。POMDP模拟一个代理决策过程，在这个过程中，假定系统状态的变化是由MDP决定的，但这个代理决策不能直接观察到当前的状态。相反，它必须根据一组观察值和观察概率以及底层MDP，形成一个所有可能状态的概率分布。

7.3.1 马尔可夫决策过程（MDP）

当面临决策时，会有许多不同的行动可供选择，每个行动都会导致不同的结果。最佳行动的选取需要考虑的不仅仅是该行动带来的即时奖励，还需要从全局的角度考虑长远的收益。即时奖励往往很容易观察到，然而长远的收益却并不一定那么明显。有些即时奖励不佳的行动，从长远来看可能会具有更好的效果。

MDP算法可用于对决策过程进行建模，以便我们模拟此决策过程。在MDP建模后，可以使用多种算法对该决策问题进行求解。MDP模型的四个元素分别是：状态集合、行动集合、状态转移矩阵以及即时奖励。

① S：状态集合。状态是对当前环境的描述，在智能体做出动作后，状态会发生变化。MDP的状态集合包含了环境中所有可能存在的状态。

② A：行动集合。在每种状态下可以进行的所有行动的集合。决策过程的关键是要了解在特定的状态下，应当采取哪种行动。

③ T：状态转移矩阵。状态转移矩阵定义了每种行动如何改变当前的状态。在不同的状态下，同一个行动可以有不同的效果，所以我们需要在MDP中为每种状态下执行的每种行动定义效果（执行行动后从当前状态转变为另一种状态），并且可以为每种行动设定概率。

④ R：即时奖励。如果我们想使决策过程自动化，那么必须衡量每个行动的效果，这样就可以比较不同行动的收益。因此，我们将指定在每个状态下执行不同行动的即时奖励。

我们称MDP的解决方案为策略，它指定了在每个状态下采取的最佳行动。我们需要一个价值函数来优化MDP的决策过程，以获得最终策略。该价值函数为每个状态定义了一个数值。因此，通过MDP模型，我们就得到了以下的信息参数：一组状态、一组可供选择的行动、一个即时奖励函数和一个状态转移矩阵。总而言之，以上这些算法的目标就是推导出一个从状态到行动的映射，它代表了自动驾驶车辆或智能机器人在每个状态下采取的最佳行动。

7.3.2 值迭代算法

如图7.6所示，值迭代算法是一种计算最优MDP策略及其价值的方法[8]。值迭代算法通过不停地迭代，形成一系列的价值函数来求解最优价值函数。

值迭代算法首先试图找到步长为1的价值函数。由于我们只需要做出一次决策，所以此函数值等于各个状态的值。回顾一下，在MDP模型中，我们定义了即时奖励，它指定了每个行动在每个状态下的优劣程度。由于我们的步长为1，我们可以简单地通过即时奖励选择出每种状态下具有最高收益的行动。

接下来，迭代算法的第二步，需要确定步长为2的价值函数。由于一共需要做出两轮决策，所以行动的价值将是本轮采取的行动的即时奖励，加上下一轮采取的行动的奖励。由于先前已经得到了步长为1的价值函数，我们只需将每种可能发生的行为的即时奖励添加到第一轮获得的价值函数中，就能获得这两轮决策的最高收益，并求得步长为2的价值函数。

```
1: Procedure Value_Iteration(S,A,P,R,θ)
2:       Inputs
3:              S is the set of all states
4:              A is the set of all actions
5:              P is state transition function specifying P(s'|s,a)
6:              R is a reward function R(s,a,s')
7:              θ a threshold, θ>0
8:       Output
9:              π[S] approximately optimal policy
10:             V[S] value function
11:      Local
12:             real array Vₖ[S] is a sequence of value functions
13:             action array π[S]
14:      assign V₀[S] arbitrarily
15:      k ←0
16:      repeat
17:             k ←k+1
18:             for each state s do
19:                    Vₖ[s] = maxₐ Σₛ' P(s'|s,a) (R(s,a,s')+ γVₖ₋₁[s'])
20:      until vs |Vₖ[s]-Vₖ₋₁[s]| < θ
21:      for each state s do
22:             π[s] = argmaxₐ Σₛ' P(s'|s,a) (R(s,a,s')+ γVₖ[s'])
23:      return π,Vₖ
```

图 7.6　值迭代算法的伪代码

　　之后，算法将再次迭代，它将使用已经求得的步长为 2 的价值函数来计算出步长为 3 的价值函数。如此反复迭代直到求得我们所需的价值函数。

7.3.3　部分可见马尔可夫决策过程（POMDP）

　　MDP 和 POMDP 算法的主要区别在于能否观察到过程的当前状态。在 POMDP 算法中，我们在模型中加入了一组观察值。该观察值并不直接提供当前的状态信息，而是提供了关于状态的提示信息。

　　由于观察可以是概率性的，因此需要设定一个观察模型。这个观察模型提供在每个状态下获取不同观察值的概率。由于无法直接获取当前的状态，所以每一步决策都需要依据整个过程中所记录的历史信息。具体来说，某一特定时间点的历史信息是指从整个决策过程开始到该时间点为止，先前所采取的所有行为以及获取的所有观察值。

　　记录所有状态的概率分布能够为我们提供整个决策过程中完整的历史信息。在 POMDP 中，我们必须记录每个状态的概率分布。当我们执行一个行动并获取观察值时，必须根据状态转移矩阵和观察值的概率对此概率分布进行更新。

　　如图 7.7 所示，一个 POMDP 由以下的内容定义：

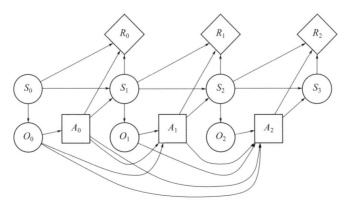

图 7.7　POMDP 的示例

- S, 状态集合。
- A, 行动集合。
- O, 观察集合。
- $P(S_0)$，起始状态的概率分布。
- $P(S'|S, A)$，状态转移模型，定义了从状态 S 做动作 A 到达状态 S' 的概率。
- $R(S, A, S')$，奖励函数，定义了从状态 S 做动作 A 到达状态 S' 的预期回报。
- $P(O|S)$，定义了在状态 S 时观察值为 O 的概率。

7.3.4　求解 POMDP

在求解 POMDP 之前，我们首先需要了解"置信状态"的概念，它表示所有可能的模型状态的概率分布。假设目前只有 0 和 1 两种可能的状态，在 t 时刻的置信状态 $\Pr(s = 0) = 0.75$ 和 $\Pr(s = 1) = 0.25$。

如果我们已知"t"时刻的置信状态 b，我们执行了动作"a"并获得了观察结果"z"，我们可以通过贝叶斯法则，运用下列公式来求得"$t+1$"时刻的置信状态，其中，$S=$ 状态集合，$A=$ 行动集合，$Z=$ 观察集合。

$$T(s,a,s'):S \times A \times S \rightarrow \Pr(s'|s,a), O(s,a,z):S \times A \times Z \rightarrow \Pr(z|s,a), R(a,s):S \times A.$$

$$
\begin{aligned}
b_z^a(s') &= \Pr(s'|b,a,z) \\
&= \frac{\Pr(s'|b,a,z)}{\Pr(b,a,z)} \\
&= \frac{\Pr(z|s',b,a)\Pr(s'|b,a)\Pr(b,a)}{\Pr(z|b,a)\Pr(b,a)} \\
&= \frac{\Pr(z|s',a)\Pr(s'|b,a)}{\sum_{s,s''}\Pr(z|b,a,s,s'')\Pr(s,s''|b,a)} \\
&= \frac{\Pr(z|s',a)\sum_s\Pr(s'|b,a,s)\Pr(s|b,a)}{\sum_{s,s''}\Pr(z|a,s^N)\Pr(s^N|b,a,s)\Pr(s|b,a)} \\
&= \frac{\Pr(z|s',a)\sum_s\Pr(s'|a,s)\Pr(s|b)}{\sum_{s,s''}\Pr(z|a,s^N)\Pr(s^N|a,s)\Pr(s|b)}
\end{aligned}
$$

然后，我们可以从任意给定的置信状态中准确地求得预期收益。每个置信状态都能求得一个单一的预期收益。通过计算每个置信状态下的预期收益，就可以获得定义在置信状态空间上的价值函数。接下来运用图 7.6 中的值选代算法，就能够对 POMDP 进行求解。如果有对 POMDP 算法、论文、实例和源码感兴趣的读者，可以访问 www.pomdp.org 以获取更多的信息。

7.4　运动规划

行为决策层决定了在当前环境状态下需要执行的驾驶行为，例如，在车道内巡航、改变车道或者右转等。这些行为必须转化为下一层的反馈控制器可以执行的运动轨迹。

简而言之，运动规划系统的主要任务是在满足车辆动力学的前提下，生成一条能够避开传感器所检测到的障碍物，并且尽可能使乘客舒适的运动轨迹。

在大多数情况下，求得运动规划问题的精确解是比较困难的。因此，在实际情况中通常会使用数值近似法[1]。其中最常用的几种方法是将问题设定为函数空间中的非线性优化问题的变分方法 (www.pomdp.org)，以构建车辆状态空间的离散化图并使用图搜索方法搜索最短路径[9]，以及基于树的增量方法，该方法从车辆的初始状态开始，逐步探索下一步可以到达的状态，构建一棵包含所有可到达状态的树，然后选择该树的最佳分支[10]。

在本节中，我们将介绍快速扩展随机树（RRT）和 RRT* 算法，这两种都是在运动规划中广泛使用的基于树的增量方法。

7.4.1 快速扩展随机树

如图 7.8 所示，RRT 是一种通过不断在空间中随机生成树节点，来高效搜索多维非凸空间的算法。该树是由搜索空间中随机抽取的样本逐步构建的，并且不断地向更大的未搜索区域扩展。RRT 也可以看作是一种具有状态约束的非线性系统生成开环轨迹的技术。对 RRT 算法的详细讨论可以参考参考文献[11]。

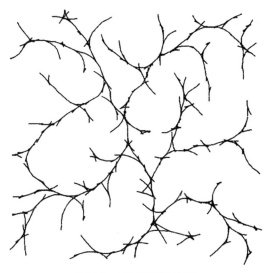

图 7.8　RRT 算法示意图

如图 7.9 所示，RRT 算法以一个初始点为根节点，通过随机采样增加叶子节点的方式，生成一个随机扩展树。每个新的状态节点会尝试与树中最近的节点连接。如果连接可行，则会将新状态添加到树中。

```
Algorithm BuildRRT
  Input: Initial configuration q_init, number of vertices in RRT K, incremental distance Δq)
  Output: RRT graph G

  G.init(q_init)
  for k = 1 to K
    q_rand ← RAND_CONF()
    q_near ← NEAREST_VERTEX(q_rand, G)
    q_new ← NEW_CONF(q_near, q_rand, Δq)
    G.add_vertex(q_new)
    G.add_edge(q_near, q_new)
  return G
```

图 7.9　RRT 算法的伪代码

通过对搜索空间的均匀采样，RRT树会优先向更大的未搜索的区域扩展。树与新的状态节点之间的连接长度通常会受到生长因子(距离的极限值)的制约。如果随机样本与树中最近的状态节点的距离超过了这个极限值，则树会连接与随机样本连线上的最大距离处的一个新状态节点，而不是随机样本本身。

RRT算法的伪代码中提到，随机样本的探索方向可以被看作是树的扩展方向，而生长因子则决定扩展速度。这使得在限制了RRT增长速度的同时，保持了RRT的空间填充偏差。

需要注意的是，如果增加某个特定区域采样的概率，RRT的增长可能会产生偏差。大多数RRT的实际应用都会利用这一点来引导RRT向着规划的目标方向进行搜索。主要方法是在状态抽样过程中，略微增加目标方向的采样概率，这个概率越高，树越容易向着目标生长。

7.4.2　RRT* 算法

尽管RRT算法在实践中是有效的，并且具有概率完备性等理论保证，但是RRT算法已经被证实可能无法收敛到最佳值。RRT*是RRT的改进版本，它被证明是渐进最优的算法，因此它返回的解决方案一定会收敛到最优[9]。

如图7.10所示，RRT*的基本原理与RRT相同，但是算法中增加了两个关键部分导致其产生了截然不同的结果[12]。第一个关键部分是，RRT*算法记录每个节点相对于其父节点的距离，当作节点代价。在图中找到最近的节点后，检查以新节点为圆心的固定半径内的邻域节点，如果发现一个比当前最近节点低的节点，那么该节点将会取代当前最近节点。这部分的效果可以通过树形结构中增加的扇形树枝看出来。此方法使得RRT的立体结构被消除了。

```
Rad = r
G(V,E) //Graph containing edges and vertices
For itr in range(0…n)
    Xnew = RandomPosition()
    If Obstacle(Xnew) == True, try again
    Xnearest = Nearest(G(V,E),Xnew)
    Cost(Xnew) = Distance(Xnew,Xnearest)
    Xbest,Xneighbors = findNeighbors(G(V,E),Xnew,Rad)
    Link = Chain(Xnew,Xbest)
    For x' in Xneighbors
        If Cost(Xnew) + Distance(Xnew,x') < Cost(x')
            Cost(x') = Cost(Xnew)+Distance(Xnew,x')
            Parent(x') = Xnew
            G += {Xnew,x'}
    G += Link
Return G
```

图 7.10　RRT* 算法的伪代码

RRT*增加的第二个关键部分是对随机树进行重新布线。当树连接了一个新节点之后，新节点的邻居节点会被再次检查，如果将邻居节点的父节点改为新添加的节点，会使其路径成本降低，则将邻居节点的父节点更改为新节点。这一特性使得路径更加平滑。

7.5　反馈控制

为了让车辆执行运动规划系统输出的路径轨迹，反馈控制器将会给执行器提供合适的输入，以执行规划的运动轨迹并实时纠正跟踪误差。在执行过程中产生的跟踪误差，有一部分是由于车辆模型的不精确性所导致的。

如图 7.11 所示，反馈控制器的作用是当存在建模误差和其他形式的未知误差时，尽可能地减小实际运行轨迹与参考轨迹的偏差。具体来说，为了尽可能地消除该误差，控制器将计算系统输出与参考值的测量误差作为输入，并通过控制器进行适当调节，然后生成一个新的系统输入。

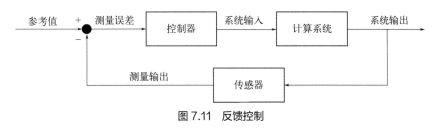

图 7.11　反馈控制

7.5.1　比例积分微分 (PID) 控制器

比例积分微分（PID）控制是一种广泛用于自动驾驶的反馈控制方法[13]。如图 7.12 所示，PID 控制器通过比例（P）、积分（I）和微分（D）过程不断修正实际输出与期望输出之间的误差。

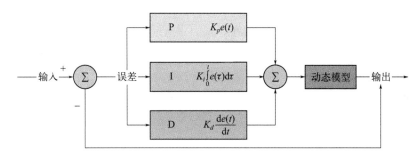

图 7.12　PID 控制器

汽车上的巡航控制是一个常见的 PID 控制。在上坡时，如果发动机的功率恒定，那么车辆的速度会降低，PID 控制通过增加发动机的输出功率，保证超调量尽可能小的情况下，在最短的时间内，使得车辆能够达到期望的速度。

PID 控制运用比例、积分和微分三个控制项调节控制的误差，以获得最佳控制。具体来说，比例控制就是用常数 K_p（比例常数）与当前误差相乘；积分控制考虑过去的误差，将误差值过去一段时间的总和乘以一个常数 K_i（积分常数）；微分控制考虑将来的误差，计算误差的一阶导，并和一个常数 K_d 相乘（微分常数）。三者通过线性组合形成控制量，对被控对象进行控制。PID 的伪代码如图 7.13 所示。

```
previous_error = 0
integral = 0
Start:
        error = setpoint – input
        integral = integral + error*dt
        derivative = (error – previous error)/dt
        output = Kp*error + Ki*integral + Kd*derivative
        previous_error = error
        wait (dt)
Goto Start
```

图 7.13　PID 伪代码

7.5.2 模型预测控制（MPC）

模型预测控制（MPC）是一种进阶过程控制方法，可以在各类约束的条件下实现系统性能的最优控制[14,15]。如图 7.14 所示，模型预测控制（MPC）的实现依赖于过程的动态模型（通常为系统识别获得的线性经验模型）。MPC 根据观测到的系统当前状态动态模型，期望的输出值，通过基于模型的最优控制算法求解获得最佳的控制输入。MPC 的主要优点是在优化过程中同时考虑当前时间段和未来时间段的效果。相比 PID 控制器而言，MPC 的优点是可以预测未来事件并进行相应的处理。

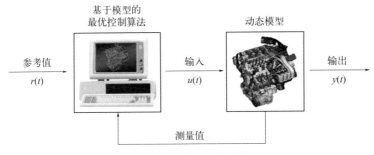

图 7.14　模型预测控制

在参考文献[16] 中可以找到一个将 MPC 应用于自动驾驶车辆的详细示例，该示例主要包含以下部分：

- 车辆控制接口：车辆每 100ms 调整一次转向、油门和刹车的控制动作。
- 代价函数：从宏观上看，代价函数表示目标轨迹路径与车辆实际的行驶轨迹之间的差异。从微观上看，代价函数是航迹误差、航向误差、速度代价、转向代价、加速代价、转向率变化和加速度变化的加权和。
- 限制条件：车轮转角不能超过 25°。

在此案例中，MPC 可以在满足约束条件的情况下求解代价函数的最小值。MPC 控制器每个周期（100ms）都会通过传感器读取车辆位置 (x, y)、速度 v、航向角 ψ、转向角 δ 和加速度 a 等数据，以确定车辆的当前状态。

随后 MPC 控制根据当前车辆的状态，生成未来短时间内（例如 1s）车辆的最优动作。

例如，假设 MPC 生成的最优计划是先顺时针旋转方向盘 20°，随后每 100ms 减少 1°，根据计算这个动作能够在一段时间（1s）后获得最小的代价函数。

随后 MPC 将会进行第一个动作，将方向盘顺时针旋转 20°。在下一个控制周期（100ms后），MPC 将再次读取传感器的输入，不再继续执行先前的动作，而是重新计算下一个最优动作。随后的每个控制周期（100ms）都不断重复此过程。

MPC 的优点在于，它不是简单地只考虑当前状态生成单步决策，而是结合了未来的系统状态，反复规划下一步的动作。例如，在此案例中提前规划了未来 1s（10 个控制周期）的动作。与 PID 不同，MPC 更不易受到贪心算法中短视收益的影响，因此能够获得更平滑的运动轨迹。

下面是基于 MPC 解决此问题的具体步骤：

① 读取当前的车辆状态，包括位置 (x, y)，速度 v，航向 ψ，转向角 δ，以及加速度 a。

② 通过最优控制算法，在给定的约束条件下，求解代价函数的最小值，生成接下来的10

个周期（每周期 100ms）的油门、刹车和转向的最优控制动作。

③ 只执行第 1 个周期的油门、刹车和转向控制动作。

④ 返回到第①步。

7.6 Apollo 中的 EM Planning 迭代系统

在前几节中，我们介绍了路径、行为和运动规划的基本知识，在本节中，我们将介绍一个开源的规划控制系统，即 Apollo 的 EM Planning 迭代系统[17]。通常情况下，规划的轨迹应当被表示为一连串"轨迹点"，其中每个点都包含了当前的位置、时间、速度、曲率等信息。在我们深入了解 Apollo 自动驾驶系统的细节之前，有必要对其中的一些重要术语进行说明。

7.6.1 术语

7.6.1.1 路径和轨迹

路径（path）表示行驶的路线，其中包含位置、曲率和相对于弧线的曲率导数的信息，通常由一系列表示其形状的"路径点（waypoints）"组成。然而，路径只描述了路线的形状，并不包含速度和时间的信息。

相比之下，轨迹（trajectory）包含了路径（path）的所有信息，以及沿着该路径的速度信息。图 7.15 给出了关于路径和轨迹的数据定义的详细信息。

```
1  message PathPoint {
2      // coordinates
3      optional double x = 1;
4      optional double y = 2;
5      optional double z = 3;
6
7      // direction on the x-y plane
8      optional double theta = 4;
9      // curvature on the x-y plane
10     optional double kappa = 5;
11     // accumulated distance
12     optional double s = 6;
13
14     // derivative of kappa w.r.t s
15     optional double dkappa = 7;
16     // derivative of derivative of kappa w.r.t s
17     optional double ddkappa = 8;
18     // the lane ID where the path point is on
19     optional string lane_id = 9;
20  }
21
22  message TrajectoryPoint {
23     // path point
24     optional PathPoint path_point = 1;
25     // linear velocity
26     optional double v = 2;  // in [m/s]
27     // linear acceleration
28     optional double a = 3;  // in [m/s^2]
29     // relative time from the beginning of the trajectory
30     optional double relative_time = 4;
31  }
```

图 7.15　路径和轨迹的定义

7.6.1.2 SL 坐标系和参考线

自动驾驶车辆的运动规划必须符合"道路结构"，这是规划的一个重要条件。由于自动驾驶车辆是在结构化的道路上运行，而不是在自由空间上运行，因此 Apollo 中的规划模块必须在高清地图指定的道路坐标中进行路线规划。

具体来说，道路坐标系由一条参考线表示。令参考线的方向为"s"方向，垂直于参考线的方向为"l"方向。将大地坐标系称作"cartesian"坐标系，将参考线的 SL 坐标系称作"Frenet"坐标系[18]。

给定一条预定的参考线，其中的任意一个点在 cartesian 坐标系 (x, y) 和 Frenet 坐标系 (s, l) 存在双向映射（能通过在 cartesian 坐标系的坐标 x、y，求得在 Frenet 坐标下的 s、l，反之亦可）。在 Frenet 坐标系下更容易进行语义描述，例如，在 Frenet 坐标系中很容易表示周围车辆的信息，而在 cartesian 坐标系中很难清晰地描绘出这样的语义对象，因此选用 Frenet 坐标系进行路径规划。

7.6.1.3　ST 图

在 SL 坐标系下，车辆沿着参考路径运动时，其速度与时间的关系可以用 ST 图来表示，坐标轴 x 表示时间 T，y 轴表示路径方向的距离 S。下面我们将通过图 7.16 的例子来对 ST 图做一个详细的阐述，以帮助理解。在图 7.16（b）中，用红车表示本车，在 t 时刻下将要在一个路口进行右转。同时我们可以发现，车辆 2 在本车将要驶入的车道上行驶，车辆 1 正要直行穿过路口。

如果本车的运动规划是给车辆 2 让行，同时超过车辆 1，则规划的 ST 图会如图 7.16（a）所示。ST 图中 1 和 2 之间的轨迹就是本车的速度曲线。ST 图是一个简单却十分实用的工具，能够帮助我们计算参考路径下的速度曲线。

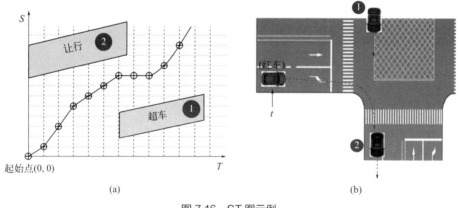

图 7.16　ST 图示例

7.6.2　EM Planning 迭代算法

有了 SL 坐标系和参考线的概念后，Apollo 的规划算法将按照如图 7.17 所示的方式，在 (s, l, t) 坐标系中迭代进行。

整个优化过程的第一步是通过动态规划（DP）算法获得 DP Path 和 DP Speed，该算法的输出会生成并优化路径 (s, l)，然后生成并优化速度曲线 (s, t)。

由动态规划（DP）获得的路径（DP path）和速度曲线（DP speed）由轨迹决策模块（Path Decider）和速度决策模块（Speed Decider）解析并存储。接下来将进行优化过程的第二步——二次规划（QP）。二次规划（QP）将在动态规划（DP）的基础上进一步优化，以获得最优解决方案（QP Path 和 QP Speed）。

二次规划（QP）的约束条件是由 Path Decider 和 Speed Decider 解析 DP path 和 DP Speed 后给出的。经过两轮的迭代后（DP+QP），将最终规划的轨迹输出给下游的控制模块。接下来，我们将对整个迭代过程做出更详细的介绍。

EM Planner

交通决策模块(Traffic Decider)

动态规划路径(DP Path)

轨迹决策模块(Path Decider)

动态规划速度(DP Speed)

速度决策模块(Speed Decider)

二次规划路径(QP Path)

二次规划速度(QP Speed)

图 7.17　EM Planning 迭代方式

7.6.2.1　交通决策

交通决策模块负责制定"交通规则"。此处的交通规则指的是根据实际交通法规编制的硬编码规则（hard-coded rules）。举个简单的例子，如果前方存在一个停车标识牌或者是人行横道，那么交通决策模块将从高清地图中检索出一条停车线，并将停车的位置传递给下层模块。

下面介绍一种实现这种硬编码的停车规则的方法。我们可以在此停车线的位置创建一个"虚拟对象"，然后传递给轨迹和速度决策模块，后者生成的轨迹将会停留在此"虚拟对象"之后。下层的路径和速度规划必须遵守交通决策模块给出的约束条件。

在交通决策模块给出约束条件后，将进行优化过程的第一步——动态规划（DP）。动态规划的第一步是沿着 (s, l) 坐标系采样。对于相邻层次的每两个点 $(s_1, s_1' = 0, s_1'' = 0)$ 和 $(s_2, s_2' = 0, s_2'' = 0)$，我们可以拟合一个五次多项式来进行连接。随后，我们采用光滑的多项式螺旋线将这些采样点逐层连接起来。各层之间的每条曲线都有不同的代价。图 7.18 展示了 EM Planning 中路径的动态规划（DP）的示例。

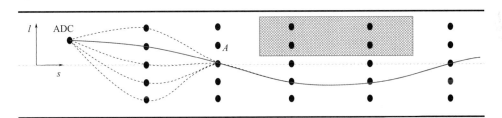

图 7.18　迭代 EM 规划算法中基于 DP 的路径规划（ADC：自动驾驶车辆）

为了表述这一点，用 $A_{(i, j)}$ 表示第 j 层第 i 个点，函数 $\mathrm{Cost}(A_{(i, j)})$ 表示连接到第 j 层第 i 个点的所有路径的最小累积代价。那么 $\mathrm{Cost}(A_{(i, j)})$ 可以表示为：

$$\mathrm{Cost}(A_{(i, j)}) = \min_{i' from\ level j-1} (\mathrm{Cost}(A_{(i', j-1)}) + \mathrm{Spiral}_{\mathrm{Cost}(A_{(i', j-1)}, A_{(i, j)})})$$

连接到特定点的最优路径代价可以通过上述递归公式表示，可以用经典的动态规划（DP）方法来进行求解。每条螺旋线的成本代价需要考虑到以下两个方面：①到中心参考线的累计横向距离；②静态障碍物的躲避。假设每层有 n 个采样点，在横向方向共有 m 层，动态规划（DP）算法可以在 $O(nm^2)$ 的时间内找到最优解。

路径动态规划（DP path）算法求得的路径只是一个粗略的解。在此阶段因为没有对速度相关信息进行计算，所以只考虑了静态障碍物。

速度动态规划（DP speed）的解法与路径动态规划（DP path）类似，唯一的区别是求解的空间从 (s, l) 坐标系变成了 (s, t) 坐标系。速度动态规划（DP speed）算法是在一个基于 (s, t) 坐标系的网格中进行的，其中部分网格被动态障碍物的投影所占据。该算法的最终目标也是寻找一系列的由多项式螺旋线连接的采样 (s, t) 点，来获取到达某个期望位置的最优解。

如图 7.19 所示，路径动态规划（DP path）和速度动态规划（DP speed）获得的结果将由路径和速度的决策模块（path and speed decider）解析后做出决策。从图中可以看出，车辆可以通过"左侧绕行""右侧绕行""停车"的动作来躲避静态障碍物，通过"让行"或"超车"的动作来躲避动态障碍物。

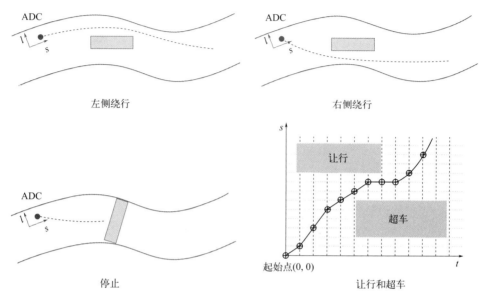

图 7.19　根据 DP path and DP speed 的计算结果可以做出决策（ADC：自动驾驶车辆）

7.6.2.2　二次规划（QP）轨迹和速度

尽管通过动态规划（DP）能够规划出一条安全、无碰撞的路径，但是并不能保证该路径是平滑的。

二次规划（QP）通过将代价函数转化为多个变量的二次函数，在给定的约束条件下，求解该二次函数的最优解，在此处可以理解为求解出一条最优且足够平滑的路径。下面我们将详细介绍如何求解二次规划轨迹（QP path）。求解二次规划速度（QP speed）问题与其相似，感兴趣的读者可以参考 Apollo 2.0 的 QP 部分的程序说明文档[17]。

在 QP path 的问题中，l、s 的关系可以通过以下函数关系表述：

$$l=f_i(s)=a_{i0}+a_{i1}s+a_{i1}s^2+a_{i2}s^2+a_{i3}s^3+a_{i4}s^4+a_{i5}s^5$$

需要优化的代价函数是 $f(s)$ 及其高阶导数的累加值：

$$\text{Cost}=\sum_{i=1}^{n}\left(w_0\int_0^{d_i}f(s)\,\mathrm{d}s+w_1\int_0^{d_i}(f_i')^2(s)\,\mathrm{d}s+w_2\int_0^{d_i}(f_i'')^2(s)\,\mathrm{d}s+w_3\int_0^{d_i}(f_i''')^2(s)\,\mathrm{d}s\right)$$

QP 问题中的等式约束包含两个方面。首先，起始点必须是固定的：

$$f_i(s_0)=l_0, f_i'(s_0)=l_0', \ f_i''(s_0)=l_0''$$

为了满足平滑性的要求，从起点到目标点过程中的各个点，形成的曲线必须是连续的，可以表述为：

$$f_k(s_k)=f_{k+1}(s_0), f_k'(s_k)=f_{k+1}'(s_0), f_k''(s_k)=f_{k+1}''(s_0), f_k'''(s_k)=f_{k+1}'''(s_0)$$

上一步动态规划（DP）已经规划了躲避静态障碍物的动作，比如"左侧绕行""右侧绕行""停车"。DP 路径中的障碍物对象在 QP 问题中可以作为一种不等式约束。

更具体地来说，在某个 s 值下，存在一个障碍物，那么在当前可以取得的 l 值应当处于车道线边界和障碍物边界之间，这样就形成了 QP 问题的不等式约束。根据上述等式约束和不等式约束，整个 QP path 的优化问题可以简化为以下形式的经典 QP 问题：

$$\text{Minimize} \frac{1}{2} \cdot x^2 \cdot H \cdot x + f^{\text{T}} \cdot x$$

$$\text{s.t. LB} \leqslant x \leqslant \text{UB}$$

$$A_{eq}x = b_{eq}$$

$$Ax \geqslant b$$

以 $\int_0^{d_i} (f_i')^2 (s) \mathrm{d}s$ 部分为例展开说明，该部分在 QP 代价函数中可以写作：

$$f_i'(s)^2 = \begin{vmatrix} a_{i0} & a_{i1} & a_{i2} & a_{i3} & a_{i4} & a_{i5} \end{vmatrix} \cdot \begin{vmatrix} 0 \\ 1 \\ 2s \\ 3s^2 \\ 4s^3 \\ 5s^4 \end{vmatrix} \cdot \begin{vmatrix} 0 & 1 & 2s & 3s^2 & 4s^3 & 5s^4 \end{vmatrix} \cdot \begin{vmatrix} a_{i0} \\ a_{i1} \\ a_{i2} \\ a_{i3} \\ a_{i4} \\ a_{i5} \end{vmatrix}$$

$$\int_0^{d_i} f_i'(s)^2 \, \mathrm{d}s = \begin{vmatrix} a_{i0} & a_{i1} & a_{i2} & a_{i3} & a_{i4} & a_{i5} \end{vmatrix} \cdot \begin{vmatrix} 0 & 0 & 0 & 0 & 0 & 0 \\ 0 & d_i & d_i^2 & d_i^3 & d_i^4 & d_i^5 \\ 0 & d_i^2 & \frac{4}{3}d_i^3 & \frac{6}{4}d_i^4 & \frac{8}{5}d_i^5 & \frac{10}{6}d_i^6 \\ 0 & d_i^3 & \frac{6}{4}d_i^4 & \frac{9}{5}d_i^5 & \frac{12}{6}d_i^6 & \frac{15}{7}d_i^7 \\ 0 & d_i^4 & \frac{8}{5}d_i^5 & \frac{12}{6}d_i^6 & \frac{16}{7}d_i^7 & \frac{20}{8}d_i^8 \\ 0 & d_i^5 & \frac{10}{6}d_i^6 & \frac{15}{5}d_i^7 & \frac{20}{8}d_i^8 & \frac{25}{9}d_i^9 \end{vmatrix} \cdot \begin{vmatrix} a_{i0} \\ a_{i1} \\ a_{i2} \\ a_{i3} \\ a_{i4} \\ a_{i5} \end{vmatrix}$$

通过二次规划（QP）算法，车辆能够规划出一条足够平滑的轨迹。速度的二次规划（QP speed）与轨迹的二次规划（QP path）的方法基本一致，在（s, t）坐标系下对先前 DP speed 获得的速度曲线进行优化。在 DP 和 QP 过程中，都是先求出（s, l）坐标系下的轨迹，然后再根据该轨迹优化（s, t）坐标系下的速度曲线。该过程类似于 EM 算法通过极大似然估计求解未知参数的过程，因而将此规划过程称为 EM 轨迹规划。

7.7　PerceptIn 规划控制框架

在本节中，我们将介绍 PerceptIn 的规划和控制框架，该框架是针对特定环境工作情况下实现低速自动驾驶而开发的，例如大学校园、游乐园、工业园区等。

图 7.20 是 PerceptIn 的规划和控制框架具体结构，通过上层模块输入的路径、定位、感知等信息，对车辆进行规划控制，输出转向、油门、刹车指令。其中包括任务规划模块，行为规划模块，运动规划模块和车辆控制模块。

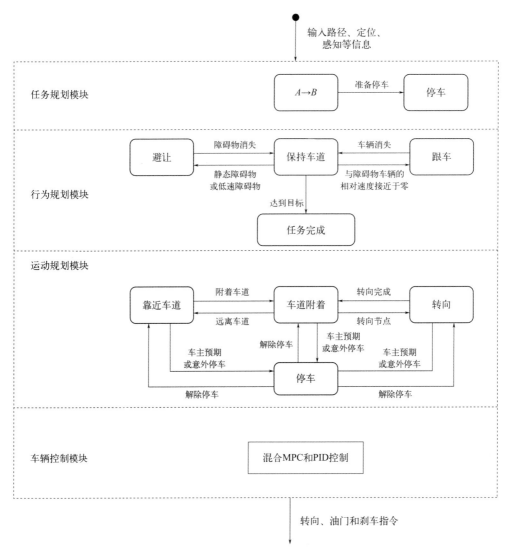

图 7.20 Perceptln 规划控制框架

任务规划模块（mission planner）：任务规划模块定义了两个基本任务。"$A \rightarrow B$"定义了从任意点 A 到任意点 B 的任务，"停车（parking）"定义了车辆在指定位置自行停车的任务。在可控的环境下，这两个简单的任务已经足够了。因为在大多数情况下，人们只是希望自动驾驶车辆能够从 A 点到达 B 点，同时也希望在需要时能自行停车。

行为规划模块（behavior planner）：行为规划模块则定义了为了完成一项任务而发生的所有可能的行为。一旦任务规划模块定义了一项任务，就会为车辆规划一条行驶的车道。最理想的情况是能够让车辆沿着车道行驶，或让车辆停留在指定的车道上。在该车道上，如果有车辆在本车的前方行驶，且相对速度接近于零，那么我们可以选择 "car follow"（跟车）行为，跟随前车行驶。如果检测到前方有静态障碍物或低速障碍物，那么我们可以选择 "avoidance"（避让）行为，减速并绕过障碍物。一旦车辆到达目的地，我们就从 "lane keeping"（车道保持）状态转换至 "mission_complete"（任务完成）状态，随后停下车辆。

运动规划模块（motion planner）：为了实现行为规划模块中定义的行为，运动规划模块定义了多种运动方式。首先是 "attach lane"（车道附着），顾名思义，就是车辆保持在原车道上。

如果我们探测到车辆远离了车道（far form lane），那么我们将通过"closer to lane"（靠近车道）行为来使车辆回到指定的车道上。如果当前车辆将要转弯，无论左转还是右转，我们将进行"turning"（转向）行为。当到达目的地或是出现了其他需要停车的情况（expected or unexpected stop），我们将通过"stop"（停车）行为停下当前车辆。

车辆控制模块（vehicle controller）：该模块被定义在最底层，运用 MPC 和 PID 混合控制方式（MPC 和 PID 的介绍请参考本章 7.5 节），将上层模块中规划的行为转化为控制指令，通过输出转向、油门、刹车指令实现对车辆的控制。

PerceptIn 规划控制框架生成控制指令的周期为 100ms（10Hz），将端到端（从感知和定位输入到控制输出）的计算延迟保持在 50ms 以内，以确保实时规划的安全与可靠。

参考文献

[1] Paden B, Čáp M, Yong S Z, et al (2016). A survey of motion planning and control techniques for self-driving urban vehicles. IEEE Transactions on Intelligent Vehicles 1 (1): 33-55.

[2] Liu S, Li L, Tang J, et al (2017). Creating Autonomous Vehicle Systems , Synthesis Lectures on Computer Science, 1-186. Morgan & Claypool Publishers.

[3] Dijkstra E W (1959). A note on two problems in connexion with graphs. Numerische Mathematik 1 (1): 269-271.

[4] Hart P E, Nilsson N J, Raphael B (1968). A formal basis for the heuristic determination of minimum cost paths. IEEE Transactions on Systems Science and Cybernetics 4 (2): 100-107.

[5] Red Blob Games (2014). Introduction to the A* Algorithm. https://www.redblobgames. com/pathfinding/a-star/introduction.html (accessed 1 June 2019).

[6] Havlak F, Campbell M (2013). Discrete and continuous, probabilistic anticipation for autonomous robots in urban environments. IEEE Transactions on Robotics 30 (2): 461-474.

[7] Ulbrich S, Maurer M (2013). Probabilistic online POMDP decision making for lane changes in fully automated driving. In: 16th International IEEE Conference on Intelligent Transportation Systems (ITSC 2013) , 2063-2067. IEEE.

[8] Poole D L, Mackworth A K (2010). Artificial Intelligence: Foundations of Computational Agents . Cambridge University Press.

[9] Karaman S, Frazzoli E (2011). Sampling-based algorithms for optimal motion planning. The International Journal of Robotics Research 30 (7): 846-894.

[10] LaValle S M, Kuffner J J Jr (2001). Randomized kinodynamic planning. The International Journal of Robotics Research 20 (5): 378-400.

[11] LaValle S (n.d.). The RRT Page. http://msl.cs.uiuc.edu/rrt/ (accessed 1 June 2019).

[12] Medium. Robotic Path Planning: RRT and RRT*. https://medium.com/@theclassytim/ robotic-path-planning-rrt-and-rrt-212319121378 (accessed 1 June 2019).

[13] Marino R, Scalzi S, Netto M (2011). Nested PID steering control for lane keeping in autonomous vehicles. Control Engineering Practice 19 (12): 1459-1467.

[14] Garcia C E, Prett D M, Morari M (1989). Model predictive control: theory and practice— a survey. Automatica 25 (3): 335-348.

[15] Bemporad A. Model Predictive Control. http://cse.lab.imtlucca.it/ ~ bemporad/teaching/ ac/pdf/AC2-10-MPC.pdf (accessed 1 June 2019).

[16] Hui J (2018). Lane keeping in autonomous driving with Model Predictive Control & PID. https://medium.com/@jonathan_hui/lane-keeping-in-autonomous-driving-with-modelpredictive-control-50f06e989bc9 (accessed 1 June 2019).

[17] GitHub. Apollo Auto. https://github.com/ApolloAuto (accessed 1 June 2019).

[18] Werling M, Ziegler J, Kammel S, et al (2010). Optimal trajectory generation for dynamic street scenarios in a Frenet frame. In: 2010 IEEE International Conference on Robotics and Automation , 987-993. IEEE.

8
建图

8.1 简介

如图 8.1 所示，地图模块为控制和规划模块提供基本的环境信息，例如所处位置的车道排布和在当前位置下静态障碍物等信息。控制和规划模块会结合输入的感知信息（实时检测移动障碍目标）、定位信息（实时生成汽车位置信息）和地图（检测道路形状和静态障碍目标）来生成实时移动规划。

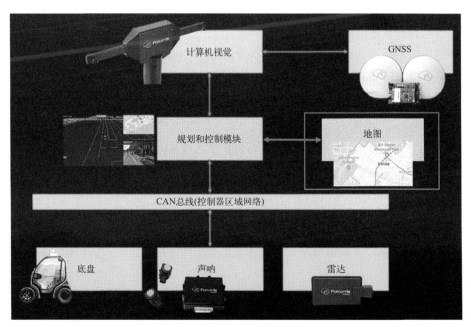

图 8.1　模块化设计架构

因此，必须要通过高精度的地图信息来帮助自动驾驶汽车实现自动驾驶功能。具体来说，规划和控制模块必须将汽车的实时位置（从定位模块获得的结果）映射到地图上以得出汽车目前是在哪条车道上行驶。此外，规划和控制模块还会将检测到的移动障碍物（从感知模块获得的结果）映射到地图上并依此决定车辆下一步的运动规划决策（如继续前进、停止或者改变行驶车道等）。所以，如果自动驾驶汽车所使用的地图不够准确或者精度达不到要求，在车辆处于自动驾驶状态期间，车辆很容易发生事故。目前，主流的全自动驾驶汽车（如 Waymo 和 Uber 的自动驾驶汽车）都是使用的高精地图。这种地图非常复杂，包含了数万亿字节的数据，在这些数据中，不仅包含了车标和道路信息，还包含了语义信息和现实世界中的三维地标位置[1]。高精地图能够使得自动驾驶汽车在地图显示区域内实现定位与导航的功能。

　　在这一章，我们将深入研究建图技术，首先会仔细了解传统数字地图、高精地图，并在现有的数字地图的基础上进行一些拓展（本文讲述如何构建一个 π-Map），以实现简单的自动驾驶来加深对这些地图的理解。

8.2　数字地图

　　如谷歌地图、必应地图和开源地图（open street map，OSM）之类的数字地图，是以人类而不是以机器为受众去开发的，因此这类数字地图极其依赖人的认知和观察。例如，谷歌地图只会实时告诉你当前在哪条街 / 路，但不会告诉你在这条街 / 路的哪一个车道上，因此使用者必须根据其认知（比如交通规则）结合其目前观测到的结果（比如目前的交通状况）来做出下一步决定。在本小节，我们以开源地图（OSM）为例来详细介绍数字地图的细节。而在 8.3 节中，我们将介绍高精地图的细节。

8.2.1　OSM 开源地图

　　开源地图是一个免费的、可编辑的世界地图，该地图主要由志愿者们一点一点地建立起来并且其遵循内容开源协议（开源地图的网址：www.openstreetmap.org）。开源地图由第三方供应商提供的原始地理数据和一套用于创建和分享地图信息的软件工具构成。

8.2.1.1　OSM 数据结构

　　首先，让我们查看一下 OSM 图的数据结构组成。开源地图数据由以下基本元素组成。

　　• 节点（node）：节点是一个用于在地图上标记位置的圆点。节点与节点之间既可以是相互独立的，也可以是相互连接的。

　　• 路（way）：路是节点之间的连线，用于创建道路、路径、河流等标识。

　　• 闭合路（closed way）：闭合路是构成了闭环的路，闭合路内部会构成区域。

　　• 区域（area）：区域是闭合路所围成的内部区域，一般区域会伴随着闭合路出现。

　　• 关系（relation）：关系可以被用于创建更加复杂的地域形状，也可以用于表示一些没有空间关系的相关元素。这里我们不会深入讨论该元素组。

　　我们可以使用标签来对这些基本元素进行注解以赋予这些元素基本的语义信息。标签可以通过 <key, value> 键值对来对元素进行描述。例如，如果我们需要在地图上构建一个餐馆，只需要创建一个节点，并在其中添加如下标签来实现：shop = restaurant. name = John's

Mexican Food。

需要注意的是，许多像 building、amenity 之类的键（key）会使得 OSM 自动将周边的路转变为一个闭合路。因为闭合路元素会默认存在一个区域，所以我们一般很少会在闭合路中直接创建一个区域（在闭合路元素中通过一个 area = yes 标签来创建一个区域）。

下面是几个比较重要的 key 标签：

- Key:highway——用于标记公路、道路、路径、人行道、自行车、公共汽车站等。
- Key:place——用于标记国家、城市、城镇、村庄等。
- Key:amenity——用于标记一些有用的设施，如餐馆、饮水点、停车场等。
- Key:shop——用于标记可以购买产品的商店。
- Key:building——用于标注建筑物。
- Key:landuse——用于标记人类使用的土地。
- Key:natural——用于标记自然土地，例如森林。

8.2.1.2 OSM 软件栈

OSM 提供了一套软件工具用于导入、导出、存储、修改、渲染和可视化地图数据。OSM 的架构如图 8.2 所示，它们被分为如下五个部分。

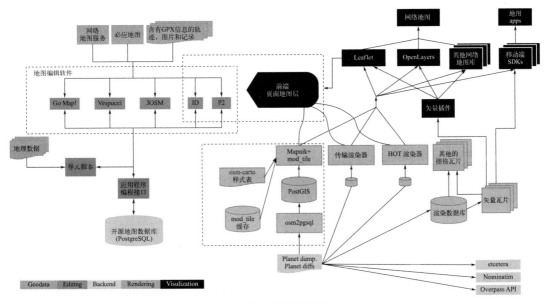

图 8.2 OSM 架构图

- 地理数据（Geodata）：该部分与地理信息位置有关，其以一种可以与地理信息系统（geographic information system，GIS）相兼容的存储格式进行存储。地理数据可以存储在数据库、地理数据库、Shapefile 文件、Coverage 文件、光栅图像，甚至是 dbf 表中。其中，网络地图服务（web map service，WMS）是由开放地理空间信息联盟（Open Geospatial Consortium）在 1999 年发布的标准协议，主要用于为互联网地图提供地理参考。
- 编辑工具（Editing）：可以使用例如 ID、Java OpenStreetMap Editor（JOSM）和 Vespucci 的编辑软件来对 OSM 进行编辑，我们将会在 8.2.2 小节中详细介绍 JOSM。
- 后端工具（Backend）：OSM 的后端由一组工具组成，其主要用于存储和检索地理数据。例如，可以在 PostgreSQL 中存储地理数据，并使用 Nominatim 来搜索数据库。我们会在 8.2.3

小节中详细介绍 Nominatim。

• 渲染工具（Rendering）：OSM 提供了一套渲染工具，将原始地理数据渲染成二维或三维图像。

• 可视化工具（Visualization）：OSM 提供了一系列用于可视化地图的工具，而其中最受欢迎的就是 OSM 网站，用户可以在网址中方便地查看地图。

8.2.2　Java OpenStreetMap 编辑器

JOSM 用户界面如图 8.3 所示，JOSM 是一个供使用者进行互动的开源 OSM 编辑器，你可以使用该编辑器来修改和更新 OSM 数据（josm.openstreetmap.de）。需要注意的是，JOSM 是一个离线编辑器，即在用户上传到服务器之前，用户的所有操作和修改对于其他人都是不可见的。这可以让你在不修改服务器数据的情况下去尝试和反复移动、标记、添加和删除元素。在上传到服务器时，用户对单个元素进行的动作会在数据库中进行对应的修改。如果你想修改 JOSM 的功能，可以在 https://github.com/JOSM/josm[2] 中寻找其源码。

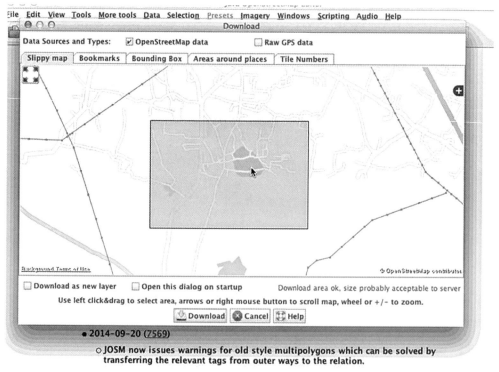

图 8.3　JOSM 用户界面

8.2.2.1　增加一个节点或路

我们可以尝试在 OSM 数据集中添加一个节点或者路。你既可以添加一个独立的节点，也可以在现有的路中添加，甚至可以在两条路交接处添加节点。下面是添加节点的方式：通过点击键盘上的"A"键来将其转换成"绘制节点"模式；将光标移动到对应的区域，选择想要添加的空白区域、地图上的路或者 GPS 轨迹（GPS 轨迹需要用户事先上传），然后左键点击想要放置的具体地点；此时，地图上会生成一个红点（此点为待选定的节点）并且该点与鼠标光标之间会通过一条可延伸的线相连接；如果你创建了新的节点，那么之前的节点会变成黄色的节点；多个节点之间会连接成一段路。

8.2.2.2 增加标签

在 JOSM 用户界面中添加标签如图 8.4 所示。在上述步骤中添加的节点和路只有当我们在其中添加了具有具体语义信息的标签才会有意义（地图功能页面中提供了一些常用的标签以供使用者快速选择）。

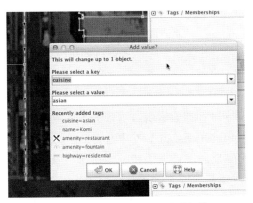

图 8.4 在 JOSM 中添加一个标签

对节点和路添加标签的流程如下所示。首先我们需要确认 JOSM 右侧的"Tags/Memberships"窗口是否处于打开状态，然后在该窗口中来编辑节点或路的具体属性（比如对其添加标签）。需要注意的是，该窗口只可以编辑节点或者路。通过按下键盘上的"S"键来进入选择模式。点击需要编辑的节点或者路，此时会跳出一个对话框，我们需要在该对话框中进行标签中键（key）和值（value）的选择。如果对给出的选择不满意，也可以自行键入对应标签的 key/value 对。例如，可以将标签的键输入为 amenity（公共设施）并将对应的值输入为 fountain（喷泉）。最终点击"确定"按钮以完成标签的最终创建。我们也可以在 JOSM 中对一个目标添加多个标签。

8.2.2.3 上传至 OSM

在完成对应地图区域所有的编辑工作之后，就可以将其上传到 OSM 官网以对 OSM 社区做出贡献。如果你对于最终结果感到十分满意，即可将你的修改结果上传至 OSM 服务器上。点击"上传"按钮后，系统会自动对于你所做的修改进行验证。系统会查看所有的验证警告，并会在最终上传至服务器前对其进行修改和纠错。该机制可以有效地避免一些错误，例如出现未标记的对象或者未连接的路径。需要注意的是，验证器的警告不是绝对的，在特殊情况下，验证器的警告会是错误的。在上传之前，我们需要添加一个合适的改变集合的注释，并对每个修改注明其来源。这一点十分重要，因为该注释会向所有使用者显示你对此进行修改的原因，并告知其该修改内容的来源。之后我们会在 8.4 节中展示如何使用 JOSM 来构建一个用于自动驾驶车辆的行驶地图。

8.2.3 Nominatim

Nominatim（来自拉丁语，意思是"名称"）是一个 OSM 工具，使用者可以通过具体名称和地址（地理编码）来寻找对应的 OSM 数据并且生成 OSM 点的合成地址（反向地理编码）。我们可以在 nominatim.openstreetmap.org 中找到含有最新数据的实例。

Nominatim 也被用在 OSM 首页的搜索工具栏中。同样地，如果你需要对 JOSM 的功能进行一些修改，你可以在 https://github.com/osm-search/Nominatim[3] 中找到 Nominatim 的源码。

8.2.3.1　Nominatim 架构

Nominatim 提供了一个基于 OSM 数据的地理编码。该工具使用 PostgreSQL 数据库作为存储数据的后端。Nominatim 的架构存在三个基本部分：数据导入、地址计算和前端搜索。

在数据导入阶段，Nominatim 需要读取原始 OSM 数据并提取出所有与地理编码相关的信息。此任务主要由 osm2pgsql 工具完成，我们也可以使用该工具来导入渲染数据库。

在地址计算和索引阶段，Nominatim 需要从地点中获取其对应数据，并为其增加一些地理编码所需要的信息。Nominatim 会对这些地点按照重要性进行排序，然后将属于同一个地点的对象联系起来，并计算地址和搜索索引。这部分工作主要在 PostgreSQL 中通过数据库触发器完成。使用者可以在 sql/functions.sql 文件中查看对应源码。

Nominatim 是一个开源的反向地理编码和搜索引擎，其前端搜索阶段是实现搜索和反向地理编码的关键步骤之一。在前端搜索阶段，Nominatim 会构建应用程序接口，即 API，来接收用户的搜索查询和反向地理编码查询请求，并将根据请求查找到的数据结果以请求的形式返回给用户。该部分功能是通过 PHP 实现的，使用者可以在 lib/ 和 wetsite/ 目录下找到其源码。

8.2.3.2　Nominatim 对地点的排序

Nominatim 使用两个指标对地点进行排序：搜索排名（search rank）和地址排名（address rank）。两者取值都在 0 ~ 30 分之间，两个指标的用途略有不同。

搜索排名反映了该地点的范围和重要性，一般用于比较搜索结果。简单来说，如果一个搜索查询存在两个对应结果，且这两个结果在其他方面都是一样的，那么搜索排名较低的结果将在结果列表中出现在较高的位置。但是现在搜索等级的重要性在降低，很多知名地点的排名顺序已经被替换成维基百科中的重要性排名。

地址等级用来描述地址在地址层次结构中所处位置的等级。一般来说，只有行政边界、地方节点和地区才有资格在地址中显示。其他对象的地址等级通常为 0。需要注意的是，在计算地址时，搜索等级也会起到一定作用。在收集组成该部分地址的地点时，只会考虑地址等级低于该部分地址的地点。

当一个地点第一次被录入数据库时，我们会为其分配一个搜索等级和地址等级。一些硬编码的分配规则如下所示：

- 邮政编码需要根据其长度来遵循对应编码规则。
- 边界不算是区域并且不可以使用 railway=rail 作为标签。
- 以下情况的搜索等级是 30，地址等级是 0：
- 高速公路节点；
- 两个标志地点之间连接的道路。

除此以外，我们可以通过 CONST_ Address_Level_Config 定义的 json 文件并根据其类型和所在国家自由分配不同的等级。

8.3　高精地图

高精地图可以为自动驾驶系统提供高精度、及时且全面的地理信息和驾驶环境的语义信息。自从 2000 年美国国防高级研究计划局提出构建高精地图的计划以来，高精地图已经广泛地被应用于自动驾驶车辆的精确定位中[4,5]。

除了定位，高精地图还包含了用于感知、预测、运动规划和汽车控制所需的预计算数据（precomputed data）。一个预计算数据的经典实例就是交通灯的三维位置，该位置可以让自动驾驶车辆只检测一个小区域而不是对整个视野进行检查，从而可以更加有效地对交通灯进行检测。虽然对于能否在不使用事先建立的高精地图的情况下构建出一个完全自动驾驶系统的可能性仍存在很大争议，但是就目前为止，没有任何现有的高度自动驾驶系统（HAD）是在不使用某种高精地图的情况下就可以在城市环境中运行的。

8.3.1　高精地图的特征

8.3.1.1　高精度

顾名思义，能够应用于自动驾驶系统的高精地图，其需要有很高的精度，通常这个精度是需要达到厘米级的。虽然目前自动驾驶行业中没有一个具体的精度标准，但是通常认为高精地图的精度一般都在 5 ～ 20cm 之间。

8.3.1.2　丰富的地理信息和语义信息

高精地图中需要包含道路网络和周边环境的信息，同时尽可能全面地覆盖地理信息和语义信息，以用于定位、感知、预测、运动规划和汽车控制。地图中最常见的内容包括车道 /道路模型、交通控制设备（主要是交通灯和交通标志）的 3D 位置，以及其他静态道路元素的几何位置和语义，如路缘石（指的是设在路面边缘的界石，简称缘石，俗称路牙子，它是设置在路面边缘与其他构造带分界的条石）、人行道、铁路轨道、护栏、电线杆、公交车站、减速带、地面坑洞和立交桥。

8.3.1.3　及时的数据

高精地图需要及时更新地图数据变化。TomTom 公司（是一家主营业务为地图、导航和 GPS设备的荷兰公司，总部位于阿姆斯特丹）估计美国每年有 15% 的道路会发生变化。虽然不是所有的变化都会影响到自动驾驶汽车的正常使用，但是可以通过这些变化来推断出我们需要对地图数据变化更新的数量级，以保证自动驾驶汽车在道路上的安全行驶。在自动驾驶领域中，我们每周都需要对高精地图进行数据更新。相比之下，像谷歌地图之类的传统数字地图，其更新周期为 6 ～ 12 个月。因此自动驾驶高精地图的维护成本非常高，我们必须建立一个庞大的数据收集车队和一个十分重要的云计算基础设施来满足我们每周更新地图数据的需求。

8.3.2　高精地图的图层

高精地图通常由多个图层组成，这些图层协同作用来为自动驾驶车辆提供完整的信息。

然而，考虑到多个图层可能导致高精地图过于庞大，自动驾驶系统一般从云端中获取地图[6,7]。在某些情况下，自动驾驶汽车也会下载附近环境的高精地图（也被称为子图）到车辆中。这些地图包含了车辆周围的道路、建筑物和其他重要的地标信息。子图的大小通常比完整的高精地图要小得多，因为它只包含了车辆附近的信息。这使得车辆能够快速获取所需的信息，并进行精确定位和路径规划。

高精地图的各个图层之间差异很大，每个图层都有不同的显示方式、不同的数据结构以及不同的作用。尽管对于高精地图，目前还没有一套标准的制作规则，但目前高精地图都会包含以下四个图层。

8.3.2.1　2D 反射率地图

反射率地图根据以下定理进行构建，即道路表面的不同材料（例如不同类型的路面材料、路标涂料等）具有不同的激光反射强度。该图层是一个从激光雷达（light detection and ranging，LiDAR）点云中提取出的道路表面的 2D 平面图。通过在同一个区域进行多次扫描并将反射强度值纹理化到各点上，使得反射率地图看上去十分逼真。我们可以在 "Map-based precision vehicle localization in urban environments" 和 "Automatic laser calibration, mapping, and localization for autonomous vehicles"[8,9] 中寻找到反射率地图的可视化结果。

8.3.2.2　数字高程模型

数字高程模型（digital elevation model，DEM）是一个三维模型，该模型中包含了驾驶环境表面的高度信息，例如路边的高度、坡道或丘陵道路的坡度 / 陡度等。这部分主要用于汽车的定位（在缺乏道路表面特征的情况下）、运动规划和车辆控制。我们可以在 https://medium.com/waymo/building-maps-for-a-self-driving-car-723b4d9cd3f4 链接中找到一个 DEM 可视化的实例[10]。

8.3.2.3　车道 / 道路模型

车道 / 道路模型是高精地图中非常重要的矢量层，它包含了车道部分和道路部分的语义信息。车道模型仅包含车道内的信息，而道路模型包含了车道之外的道路信息。在自动驾驶汽车处于自动驾驶状态时，自动驾驶系统会优先处理车道模型，只有在极少数情况下才需要处理道路模型。因此，车道模型是自动驾驶系统中的关键组成部分。车道模型包括了车道的几何信息（如边界、宽度和曲率等）、车道类型（如汽车车道、自行车车道、公共汽车专用车道等）、车道方向信息、车道标记 / 分割线类型（如实线与虚线、单线与双线等）、车辆限制信息（如仅能左 / 右转）、车速限制以及车道之间的连接信息等。这些信息对于运动规划、车辆控制等方面的决策和操作是必不可少的。

8.3.2.4　静态图层

相较于上述三个图层，该图层没有一个精确的定义。其通常为一个多功能的图层，存储了许多其他层没有获取到的行驶环境周围的静态元素之间的语义信息（例如交通灯与其对应车道和道路障碍物之间的联系等）。

8.3.3　高精地图的创建

如图 8.5 所示，高精地图的创建存在以下四个阶段：数据收集、高精地图的生成、地图质量把控和验证、地图的更新和维护。

图 8.5　高精地图的创建

8.3.3.1　数据收集

移动测绘系统（mobile mapping systems，MMS）一般会配有多个传感器，例如激光雷达、相机、GPS、IMU（惯性测量单元）和轮式里程计等。一般 MMS 车辆会在对应道路地点进行实地考察和数据收集，将收集到的数据保存在固态硬盘设备中（或者将数据进行某种处理、过滤和压缩后，通过蜂窝网络将其上传到服务器或者云端中）。收集数据通常都是在一个城市的各个区域中进行的，该过程会涉及合理的路径规划与高效的数据存储和传输。其中设备、人力、数据存储和传输的成本是在数据收集过程中最重要的几个问题。为此，如何减少数据冗余（对一段道路上的数据进行重复收集）成为当下各大高校的研究者们非常感兴趣的一个研究方向。

为了创建一个高精地图，我们需要收集以下两类数据。①高精地图数据：激光雷达点云和相机包含的环境的几何信息和语义信息，这些信息将会是构建高精地图的主要主体；②辅助数据：GPS/IMU/轮式里程计中的数据，该数据不包含环境的几何信息和语义信息，只能辅助前者来构建环境的高精地图，辅助数据主要用于优化数据采集车辆的位姿。

8.3.3.2　离线生成高精地图

该部分工作主要在后台系统中进行，系统会处理收集到的数据并生成高精地图。数据处理大致可以进一步细分为以下四个步骤（如图 8.5 所示）。

① 传感器融合 / 姿态估计：生成高精地图的关键在于能否获取 MMS 车辆的精确位置（包含了车辆位置和车辆方向），如果我们不能获得汽车的精确位置，那么也就不可能生成精确的高精地图。一旦我们获取到了数据采集车辆的精确位置，就可以结合传感器在车辆车架中

的安装位置和其与车辆车架的相对角度，计算出采集到的点云和图像在车辆中的精确位置。

由于GPS、IMU和轮式里程计等的限制，我们无法在车辆运行时直接获得其精确的位姿，但是我们可以通过离线优化（offline optimizations）来估计其精确的位姿，例如我们可以将不同传感器的数据作为因子图放入SLAM（同步定位与制图）中完成融合，从而来估算出车辆的精确位置[8,11]。

② 地图数据的融合与处理：在进行地图数据的融合时，我们首先需要获取数据采集车的准确位姿。有了准确的位姿信息，我们就可以利用它来完成地图数据的融合与处理。地图数据主要包括通过雷达和相机采集到的点云和图像。需要注意的是，对于生成的高精地图，我们更关注视频的分辨率和质量，而不是视频的帧数。通常，我们使用的是高分辨率且帧数小于10的视频和图像。在数据融合过程中，我们会将多个扫描到的点云进行对齐和校准，以获得一个更加密集的点云。同时，点云与相机图像之间需要完成标定，这样我们就可以通过点云来获取图像中识别物体的三维位置，并在完成标定的图像中提取出对应物体的语义信息。之所以需要将点云和图像完成外参的标定，是因为点云只能提供物体精确的三维信息，而不能提供其对应的语义信息，而相机图像则与之相反，只能提供精确的语义信息。

此外，我们还需要对其他数据进行处理，使其尽可能地逼近真实图像。这包括生成道路平面、去除不相关物体和纹理（例如动态物体和离道路较远的物体）等。这样，我们可以为读者提供更加翔实且易于理解的地图数据融合与处理内容。

③ 三维物体位置检测：对于那些几何形状和精确位置非常重要的道路元素（如车道边界、路缘石、交通信号灯、立交桥、铁轨、护栏、灯杆、减速带和坑洼地面），我们需要获取它们精确的三维位置信息。激光雷达点云可以提供物体精确的三维位置信息，我们可以通过几何学方法[12-15]和深度学习方法[16-18]来检测点云中的三维物体。此外，我们还可以不使用点云，而是通过对多张图片中出现的同一物体进行三角测量来检测三维物体的位置。例如，"Traffic light mapping and detection"[19]这篇文章中就提出了一个应用这样方法的实例。

④ 语义信息/属性的提取：最后一步，也是工作量最大的一步，就是从数据中为高精度地图提取物体的语义信息和属性信息。这个过程包括车道/道路模型的构建、交通标志的识别、交通信号灯与车道的关联、道路标志语义信息的提取以及道路元素（如灯杆）的检测等。实际上，在生成大规模高精地图之前，我们还需要进行其他准备工作，但上述几个步骤是最主要的。

8.3.3.3　地图质量把控与验证

自动驾驶汽车是一种无须人类驾驶员干预即可完成驾驶任务的汽车。这种汽车采用多种方法，如激光雷达、毫米波雷达、摄像头和超声波传感器等，来感知周围环境，并通过预装在车内的电脑系统进行实时分析和处理，最终指挥车辆行驶。

8.3.3.4　地图的更新与维护

在该阶段，我们需要及时更新高精地图的数据，并修复其在使用过程中发现的各种问题。

8.3.3.5　高精地图存在的问题

虽然高精地图带来了诸多好处，但是建立高精地图所需复杂的步骤为其带来了一些问题。首先，我们需要部署大量的MMS车辆来收集地图的原始数据。这些数据收集车辆都配备有非常昂贵的仪器，例如激光雷达、高精度全球导航卫星系统（global navigation satellite system,

GNSS)、高清相机等。每辆 MMS 车的成本超过 50 万美元，这使得建立高精地图成本非常高。其次，我们还需要部署一个功能非常强大的云计算基础设备以处理地图的原始数据并生成高精地图[7]。这些计算设备需要拥有高度的稳定性和可靠性，并且需要具备高速数据传输和存储能力，以满足高精地图数据的处理需求。这也意味着建立高精地图需要进行大量的投资和技术支持。最后，由于高精地图需要每周都更新，因此高精地图供应商需要为此建立一个后勤团队，该团队需要不断扫描已经获取到数据的区域。与一般数字地图每 6 ～ 12 个月更新相比，高精地图的更新周期为一周，这给已经成本不菲的高精地图增加了额外的维护成本。因此，高精地图的建立和维护需要大量的资金和人力投入，这也是高精地图发展面临的挑战之一。

8.4　PerceptIn 公司的 π-Map

如上一节所示，高精地图的构建和维护成本极高，这使得其难以被大规模部署。但对于某些特定场景，例如在高度结构化的环境（例如大学校园、工业园区）中的低速（<20mi/h）自动驾驶，我们可以通过扩展现有的数字地图来获取精确的车道信息以实现自动驾驶，而不是使用成熟的高精地图。在本节中，我们将以 PerceptIn 公司的地图技术作为研究对象，该技术将现有的开源地图（数字地图）进行拓展以应用于智能机器人和自动驾驶汽车的导航中。

为了实现上述目标，PerceptIn 公司开发了一种基于图形的数据结构来表示车道的拓扑结构，并采用一种仅使用实时动态（RTK）GNSS 接收器[20]和 JOSM 工具链（可在 https://josm.openstreetmap.de 中找到）来构建地图的方法。该地图被称为 π-Map，可以轻松地与现有数字地图（如 OSM）相结合，构建出一个双层地图。通过双层地图中提供的车道具体信息，规划和控制模块可以轻松规划出一条全局路线用于导航，同时生成一条局部路径规划和一系列控制命令，以控制自动驾驶车辆的行驶。

8.4.1　拓扑图

π-Map 使用一组节点来表示道路的结构。虽然下面的模型仅用于说明，但在不影响地图正常使用的前提下，该模型是可行的。在这个模型中，一条道路可以包含一个或多个方向的车道，因此，自动驾驶车辆可以在车道上行驶。图 8.6 显示了一个由四个节点和四条边组成的简化地图模型。在实际应用中，节点是道路两侧的物理点，而节点之间的连线代表了它们之间的连接性。例如，节点 0 和节点 1 之间有一条连线，这意味着从节点 0 到节点 1 有一条可行的路径。

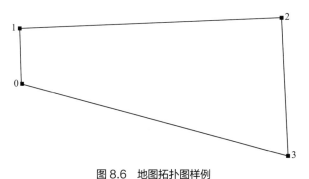

图 8.6　地图拓扑图样例

π-Map 使用以下数据结构来描述图 8.6 中地图的拓扑结构。每一行表示一个节点，其中第一行包含节点 0 的信息，第二行包含节点 1 的信息，以此类推。每行的第一列和第二列分别表示对应节点的 x 坐标和 y 坐标（在通用横轴墨卡托坐标系下），而第三列则表示该节点相邻节点的数量（即与该节点相连的节点数），其余的列用于列出相邻节点的 ID。

项目	第一列	第二列	第三列	第四列	第五列
第一行	X1	Y1	2	1	3
第二行	X2	Y2	2	0	2
第二行	X3	Y3	2	1	3
第四行	X4	Y4	2	2	0

以第一行为例来对该数据结构进行说明：
- 该行包含着节点 0 的具体信息。
- 前两列的 X1 与 Y1 表示的是节点 0 的 x 坐标与 y 坐标。
- 第三列的 2 表示的是相邻节点的数量。
- 第四列和第五列的 1 和 3 是与节点 0 相邻的节点的 ID。

8.4.2　π-Map 的创建

在本小节中，我们将介绍如何创建一个 π-Map。如图 8.7 所示，我们以加州大学欧文分校的一部分区域为例，创建了一张食蚁兽娱乐中心（Anteater Recreation Center）周围道路的地图。

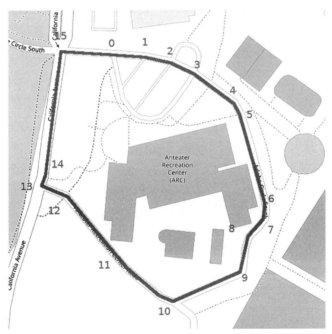

图 8.7　食蚁兽娱乐中心地图（实线表示我们创建的车道）

根据上一小节介绍的地图数据结构，我们需要通过节点的坐标和节点之间的连接信息来构建地图。在实际操作中，我们可以使用 RTK-GNSS 接收器和 JOSM 来获得节点的坐标，并使用 JOSM 来绘制节点和节点间的连接线。

我们在食蚁兽娱乐中心（Anteater Recreation Center）周边创建了一个π-Map。如图8.8所示，我们通过以下步骤来实现该地图的构建。首先，在PerceptIn DragonFly Pod上安装RTK-GNSS模块[21]。然后，我们驾驶DragonFly Pod沿着目标车道的中心行驶，使用RTK-GNSS设备来获取汽车的轨迹信息。接着，将获取到的轨迹信息上传到JOSM中，并沿着汽车轨迹绘制节点。最终，我们使用JOSM来绘制节点与节点之间的连线。

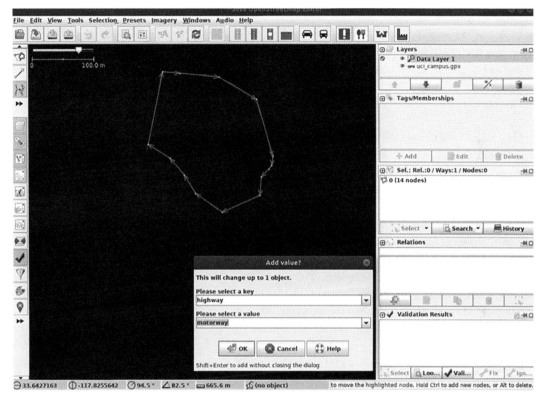

图 8.8　JOSM 中的地图结果

我们生成的地图由多个节点组成，表示该区域的拓扑结构。该拓扑结构被传入自动驾驶汽车的控制和规划模块，以实现简单的自动驾驶任务。例如，使用者可以通过在地图中任意点击来呼唤自动驾驶汽车，也可以通过在地图中选择新的目的地来设置自动驾驶的终点。

参考文献

[1] Jiao J (2018). Machine Learning assisted High-Definition Map creation. 2018 IEEE 42nd Annual Computer Software and Applications Conference (COMPSAC), Tokyo, Japan (23-27 July 2018). IEEE.

[2] GitHub (2017). JOSM source code. https://github.com/openstreetmap/josm (accessed 1 December 2018).

[3] GitHub (2017). Nominatim source code. https://github.com/openstreetmap/Nominatim (accessed 1 December 2018).

[4] Buehler M, Iagnemma K, Singh S (eds.) (2007). The 2005 DARPA Grand Challenge: The Great Robot Race, vol. 36. Springer Science & Business Media.

[5] Buehler M, Iagnemma K, Singh S (eds.) (2009). The DARPA Urban Challenge: Autonomous Vehicles in City Traffic, vol. 56. Springer.

[6] Liu S, Li L, Tang J, et al (2017). Creating autonomous vehicle systems. Synthesis Lectures on Computer Science 6 (1): 1-186.

[7] Liu S, Tang J, Wang C, et al (2017). A unified cloud platform for autonomous driving.Computer 50 (12): 42-49.

[8] Levinson J, Montemerlo M, Thrun S (2007). Map-based precision vehicle localization in urban environments. In: Robotics: Science and Systems, vol. 4, 1. MIT Press.

[9] Levinson J (2011). Automatic laser calibration, mapping, and localization for autonomous vehicles. PhD thesis. Stanford University.

[10] Waymo Team (2016). Building maps for a self-driving car. https://medium.com/waymo/ building-maps-for-a-self-driving-car-723b4d9cd3f4 (accessed 1 June 2019).

[11] Thrun S, Montemerlo M (2006). The graph SLAM algorithm with applications to large-scale mapping of urban structures. The International Journal of Robotics Research 25 (5-6): 403-429.

[12] Yu Y, Li J, Guan H, et al (2015). Semiautomated extraction of street light poles from mobile LiDAR point-clouds. IEEE Transactions on Geoscience and Remote Sensing 53 (3): 1374-1386.

[13] Zheng H, Wang R, Xu S (2017). Recognizing street lighting poles from mobile LiDAR data. IEEE Transactions on Geoscience and Remote Sensing 55 (1): 407-420.

[14] Ordóñez C, Cabo C, Sanz-Ablanedo E (2017). Automatic detection and classification of pole-like objects for urban cartography using mobile laser scanning data. Sensors 17 (7): 1465.

[15] Fukano K, Masuda H (2015). Detection and classification of pole-like objects from mobile mapping data. ISPRS Annals of Photogrammetry, Remote Sensing & Spatial Information Sciences, La Grande Motte, France (28 September-3 October 2015). ISPRS.

[16] Qi C R, Su H, Mo K, et al (2017). PointNet: deep learning on point sets for 3D classification and segmentation. In: Proceedings of Computer Vision and Pattern Recognition (CVPR), vol. 1, 4. IEEE.

[17] Qi C R, Yi L, Su H, et al (2017). PointNet++: deep hierarchical feature learning on point sets in a metric space. In: Advances in Neural Information Processing Systems, 5105-5114. NeurIPS.

[18] Zhou Y, Tuzel O (2017). VoxelNet: End-to-End Learning for Point Cloud Based 3D Object Detection. arXiv preprint arXiv:1711.06396.

[19] Fairfield N, Urmson C (2011). Traffic light mapping and detection. In: 2011 IEEE International Conference on Robotics and Automation (ICRA), 5421-5426. IEEE.

[20] PerceptIn (2018). PerceptIn DragonFly RTK GNSS Module. https://www.perceptin.io/ products (accessed 1 December 2018).

[21] PerceptIn (2018). PerceptIn DragonFly Pod. https://www.perceptin.io/products (accessed 1 December 2018).

9

搭建 DragonFly Pod
和 DragonFly Bus

9.1 简介

在这一章中，我们对 PerceptIn 公司的 DragonFly 系列驾驶产品（包含 DragonFly Pod 双座车以及 DragonFly Bus 公交车）进行了全面的案例分析。这两个产品正是采用本书第 1、2 章中所介绍的模块化设计方法开发的。在本书第 3、4 章中，还可以找到一些关于自动驾驶车辆的视频演示。

双座的 DragonFly Pod（蜻蜓双座车）是为私人自动驾驶运输服务而开发的，这样乘客就能够在旅途中享受隐私保护。DragonFly Pod 双座车的典型用途包括娱乐公园、工业园区、旅游景点和老年生活协会。八座的 DragonFly Bus（蜻蜓公交车）则是为距离通常小于 5 英里（1 英里 =1609.344m）的公共自动驾驶交通解决方案而设计的。DragonFly Bus 公交车的典型用途包括大学校园、城市公交路线、机场和火车站的站内交通。

第一，我们介绍了这两种车辆的底盘规格，以便读者了解它们在物理结构上的差异。第二，我们揭秘了这两种底盘上的传感器配置，让读者能够了解感知和定位模块是如何部署的。第三，我们介绍了 DragonFly 系统的"解剖学"，即能够让这些车辆实现自动驾驶的软件架构，这能够让读者理解不同的模块是如何一起工作，进而形成一个系统的。第四，我们介绍DragonFly 系统的"生理学"，即自动驾驶车辆的工作机制，让读者能够理解自动驾驶软件的生命周期。第五，通过学习不同模块之间进行通信所使用的数据结构，读者能够了解不同模块之间如何进行交互。第六，我们展示了用户如何通过一个简单的用户界面（UI）与自动驾驶汽车互动。

读完本章后，读者应该对如何从头开始搭建自己的自动驾驶车辆或机器人有一个基本的了解。

9.2　底盘硬件规格

图 9.1 展示了一辆 DragonFly Pod 双座车，表 9.1 列出了底盘规格的详细信息。一辆 DragonFly Pod 双座车长 2.18m，宽 1.38m，高 1.675m，重 580kg，最高行驶速度为 25km/h。然而出于安全考虑，在自动驾驶模式下，我们通常将车速保持在 10km/h 左右。它的电池能够支持车辆在正常速度（10km/h）下连续工作 10h。DragonFly Pod 双座车的底盘支持线控驱动，因此规划和控制模块可以通过发送控制命令来操纵车辆。此外，底盘还能够提供实时车辆状态信息，如角速度、线速度、制动压力等。

图 9.1　DragonFly Pod 双座车

表 9.1　DragonFly Pod 双座车底盘规格

项目	DragonFly Pod 双座车
悬架（前 / 后）	麦弗逊式独立前悬架：螺旋弹簧＋油缸液压减振 一体式后桥，速比 12.49:1，螺旋弹簧阻尼＋油缸液压减振
车架材料	载体框架结构
驱动方式	前轮转向
制动器（前 / 后）	前盘式后轮毂，双管双回路液压制动器
停车系统	电动驻车制动器停车和手刹停车
控制方式	CAN 总线
长度 / 宽度 / 高度	2180mm/1380mm/1675mm
轴距	背面 1190mm，前面 1170mm
离地间隙	145mm
最小转弯半径	≤ 4.4m
爬坡能力	15%（≥ 8.5°）
轮胎	155 65/R13 13

项目	DragonFly Pod 双座车
总重量	580kg
最高速度	25km/h
电池类型	铅酸电池
电池容量	120A·h
电池规格	12V/120A·h
电池数量	4
充电器类型	外部充电器
充电电压	220V
车辆输出功率	12V，700W
城市范围（urban range）	100km
充电时长	10h，80%
通信方式	CAN 协议
底盘信息	角速度，线速度，制动压力，电压，电流，功率
座位数	2
驱动类型	中心电机

图 9.2 展示了一辆 DragonFly Bus 公交车，表 9.2 列出了底盘规格的细节。一辆 DragonFly Bus 公交车长 3.93m，宽 1.51m，高 2.04m，重 910kg，最高速度为 30km/h。在自动驾驶模式下，出于安全原因，我们通常将速度保持在 10km/h 左右。它的电池允许车辆以正常速度（10km/h）连续运行 8h。DragonFly Bus 公交车的底盘是支持线控驱动的，因此规划和控制模块可以通过发送控制命令来操纵车辆。此外，底盘还能够提供实时车辆状态信息，如角速度、线速度、制动压力等。

图 9.2 DragonFly Bus 八座公交车

表 9.2　DragonFly Bus 公交车底盘规格

项目	DragonFly Bus 公交车
控制器	InBol 电控 /AC MC3336
电池	Lvtong 免维护蓄电池 6V/170A·h×8 块（3h 内的放电性能）
电动机	Lvtong 专用交流异步电动机 33V/5kW
充电器	智能充电器 48V/25A，充电时间小于 10h（放电率 80%）
直流转换器	大功率隔离直流转换器 48V/12V，400W
照明和报警系统	前灯，转向信号灯，雾灯，倒车灯，后方尾灯，蜗牛喇叭，反向语音喇叭
转向系统	双向齿轮齿条转向系统，自动间隙补偿功能：可选电源
制动系统	前盘后轮毂四轮液压制动器 + 手刹停车：可选配电动真空辅助制动系统
前悬架系统	麦弗逊式独立前悬架：螺旋弹簧 + 油缸液压阻尼
后悬架系统	一体式后桥，速比 16∶1，钢板弹簧 + 油缸液压减振
轮胎直径	165/70r13c 真空轮胎（直径 560mm）：13 钢环
长度 / 宽度 / 高度	3930mm/510mm/2040 mm
座位数	8
最高速度	30km/h
行驶里程	75 ～ 95km（平坦道路）
每百公里能耗	9kW·h
最大灰度	0.15
在斜坡上的性能	0.2
最小转弯半径	5.6m
整车重量	910kg
制动稳定性	1900 mm
最小离地间隙	155 mm
轮距	后轮 1330mm，前轮 1300mm
通信方式	CAN 协议

9.3　传感器配置

在明白了底盘的功能之后，我们就需要弄清楚在自动驾驶车辆上如何部署传感器来进行感知和定位。图 9.3 展示了各类传感器在 DragonFly Pod 双座车上是怎么部署的。如图所示，我们主要使用四种类型的传感器，分别用不同颜色的图例进行表示：DragonFly 视觉模块（橙色圆角矩形），GPS 接收器（深绿色大圆形），雷达（红色小矩形）和声呐（浅绿色小圆点）。另外，图中长度标注的单位为厘米。

DragonFly 视觉模块可以用于定位和主动感知。它安装在车辆顶部的中心位置。这能够让车辆获得一个开放的视野，从而对周围的空间特征进行捕获。除此之外，将 DragonFly 视觉模块放置在车辆的中心，还有利于进行空间传感器校准。只需要将不同传感器的坐标与 DragonFly 视觉模块对齐，就能够很轻松地实现空间传感器校准。

图 9.3 DragonFly Pod 双座车传感器配置

我们沿着水平轴安排了两个 GPS 接收器。这两个 GPS 接收器形成一个差分对。这个差分对不仅能够提供精确的车辆实时位置，还可以提供准确的实时航向。这两个差分 GPS 接收器的中心也正好是 DragonFly 视觉模块的中心，从而简化了空间校准的过程。

在车辆的周围，我们还部署了六个雷达和八个声呐，以期能够最大化感知检测的覆盖范围。通过这种方式，雷达和声呐可以用来实现双层保护的被动感知。这种"双层"保护的被动感知主要体现在中近距离传感器的组合使用上：适用于中等距离（mid-range）的雷达，以及适用于近距离（close-range）的声呐。此外，雷达可以提供目标的距离信息、目标的速度信息，以及目标跟踪功能。这些信息与功能可以与视觉感知进行融合，用来实现更准确的主动感知。

图 9.4 展示了 DragonFly Bus 公交车上的传感器部署方式。图中所展示的四种传感器同样使用不同的图例进行标注：DragonFly 视觉模块（橙色圆角矩形），GPS 接收器（深绿色大圆形），雷达（红色小矩形）和声呐（浅绿色小圆点）。图中长度标注的单位为厘米。整体上 DragonFly Bus 公交车上的传感器部署方式与 DragonFly Pod 双座车的部署非常相似，除了以下这些要求：

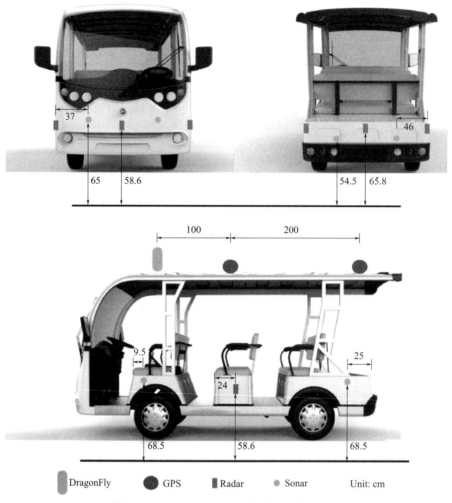

图 9.4　DragonFly Bus 八座公交车传感器配置

· 考察 DragonFly Bus 公交车的长度，我们不再使用六个雷达和八个声呐，而是部署了八个雷达和八个声呐。

· 同样考虑到 DragonFly Bus 公交车的长度，DragonFly 视觉模块放置在车辆的前部而不再是车辆的中心。这样能够让车辆获得畅通无阻的视野，一览无余。

· 还是由于车辆的长度原因，差分 GPS 接收器是部署在沿车身的垂直方向而非水平方向。这样设计的目的是充分利用车辆的长度，从而获得更准确的实时航向。

9.4　软件架构

在了解了传感器的部署方案之后，我们就可以对 DrgonFly 系统的软件栈进行深入研究了。接下来，我们将介绍 DragonFly 系统的"解剖结构"，即软件架构。图 9.5 展示了 DragonFly 系统软件架构的详细信息。需要注意的是，每个虚线框都代表一个独立的进程。

① GPS 守护进程（GPS Daemon process），包含 GPS Daemon（GPSD）模块，主要功能是获取 GPS 相关数据并发送到相应接口。

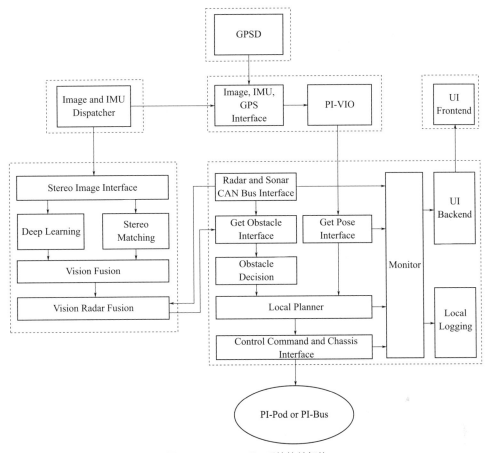

图 9.5　DragonFly 系统软件架构

② 图像与惯性测量单元调度进程（Image and IMU dispatcher process），包含图像与惯性测量单元调度模块（Image and IMU dispatcher）。主要功能是获取图像数据和 IMU（inertial measurement unit，惯性测量单元）数据，并发送到相应的数据接口。

③ 定位进程（Localization process）包含两个模块，分别是"图像、IMU、GPS 接口（Image, IMU, GPS Interface）"和"PerceptIn- 视觉惯性里程计（PI-VIO）"。这两个模块共同作用能够让系统得到准确的实时定位结果。

④ 用户界面前端进程（UI frontend process），包含用户界面前端（UI Frontend）模块，主要功能是让用户能够看到来自用户界面后端的各种状态信息，了解车辆状态。

⑤ 感知进程（Perception process）则包含下列模块：立体视觉接口（Stereo Image Interface），深度学习模块（Deep Learning），立体匹配模块（Stereo Matching），视觉融合模块（Vision Fusing），视觉雷达融合模块（Vision Radar Fusion）。

⑥ 规划和控制进程（Planning and control process）包含众多模块，分别是：雷达和声呐 CAN 总线接口（Radar and Sonar CAN Bus Interface），障碍获取接口（Get Obstacle Interface），障碍决策模块（Obstacle Decision），姿态获取接口（Get Pose Interface），本地规划器（Local Planner），控制命令和底盘接口（Control Command and Chassis Interface），监控模块（Monitor），本地日志记录模块（Local Logging），用户界面后端模块（UI Backend）。

我们首先回顾一下数据收集过程，这一阶段主要涉及 GPS 守护进程（GPS Daemon process）

以及图像和惯性测量单元调度进程（Image and IMU dispatcher process）。第一个进程是 GPS 守护进程（GPS Daemon process）。它会持续不断地去获取最新的 GNSS 数据并将数据发送到定位进程（Localization process）。类似地，图像和惯性测量单元调度进程（Image and IMU dispatcher process）也会持续不断地去获取最新的图像和 IMU 数据，并将数据发送到定位进程和感知进程（Perception process）。

接下来，定位进程（Localization process）会接收图像、IMU 和 GNSS 数据并生成实时定位结果。需要注意的是，在我们的设计当中，是把 GNSS 数据当作地面真值的。但是，如果出现多路径问题或者一些其他问题，这些问题将导致 GNSS 数据不可用或者不准确。此时，视觉惯性里程计 [Visual-Inertial Odometry（VIO）] 将接替 GNSS 生成准确的定位结果。

感知进程（Perception process）接收图像数据，以及来自底盘的雷达和声呐数据，然后结合这些信息生成实时感知结果。当接收到立体视觉（Steoro Image）数据时，感知进程利用深度学习（Deep Learning）模型来提取障碍物语义信息，并应用立体匹配（Stereo Mataching）技术生成障碍物深度信息。通过结合障碍物的语义与深度信息，感知进程可以准确地辨别障碍物的类型和距离。此外，雷达能够提供障碍物的速度信息，通过融合雷达和视觉结果，感知进程就能够得到障碍物的类型、距离和速度信息。

规划和控制进程（Planning and control process）是最为重要的进程，它就像是 DragonFly 自动驾驶系统的"大脑"一样。它消耗并利用来自感知进程（Perception process）和定位进程（Localization process）的输出，通过局部规划器（Local Planner）模块生成实时控制命令，并且将这些命令发送给底盘来执行。同时，监控（Monitor）模块会持续检测整个系统的健康状态，一旦任何模块出现故障，它都会让车辆停止。此外，用户界面后端（UI backend）也会不断向用户界面前端进程（UI frontend process）发送状态数据，从而让驾驶员 / 操作员能够持续了解系统的实时状态。同样，本地日志记录（Local logging）模块也会连续地记录系统信息，将其保存到本地磁盘或者远程云端当中，以便于进行调试。

9.5 系统机制

理解 DragonFly 系统的"解剖结构"之后，这一节我们将深入研究 DragonFly 的"生理学"，即系统的机制。图 9.6 说明了初始化 DragonFly 系统的详细步骤。

如图 9.6（a）所示，一旦用户让系统开机，系统首先在 DragonFly 视觉模块上启动图像和 IMU 采集流。如果启动不成功，那么系统中止并停止执行。否则，系统启动感知进程。接下来，系统启动定位进程。一旦这些都成功，系统会检查 CAN 总线，来确保底盘的通信是可接受的并且底盘的状态是合适的。当所有检查都通过后，系统会持续运转以等待用户命令。

如图 9.6（b）所示，一旦启动了某个用户任务（例如，命令车辆从 A 点移动到 B 点），规划和控制模块就会进行检查，从而确保感知模块、定位模块和机箱都是正常运转的，并且车辆整体不会发出任何错误代码。如果所有检查返回的信息都是成功的，那么规划和控制模块会不断地发出控制命令，让车辆沿着指定路径行驶。如果车辆到达了某个车站，规划和控制模块会再次检查系统的健康状况，然后持续给车辆命令，让它继续沿着指定路径行驶。如果车辆到达了目的地，那么计划和控制进程会被终止，然后等待下一个任务命令。

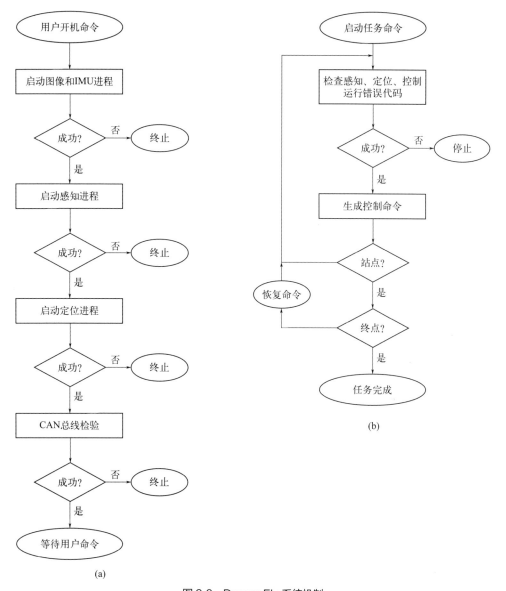

(a)

(b)

图 9.6　DragonFly 系统机制

9.6　数据结构

　　理解了 DragonFly 系统的"解剖学"和"生理学"之后，在本节中，我们将介绍整个系统中使用的数据结构。这样，读者可以了解每个模块分别提供哪些信息，以及不同模块是如何相互作用的。需要注意的是，所有数据结构都使用 Protobuf 方法（protocol buffers，协议缓冲区）进行编码，这是一种对结构化数据进行串行化的方法。Protobuf 方法在开发用于相互通信的程序中有着非常广泛的应用。Protobuf 方法包含了一种接口性的描述语言，这种语言能够对某些数据的数据结构进行描述。Protobuf 方法还提供了能够将描述语言生成源代码的程序。该源代码主要用来生成或解析能够表示结构化数据的字节流。

9.6.1 常用数据结构

首先，我们要介绍的是在所有模块之间共享的通用数据结构。Common.proto 文件中定义了在所有模块中共同使用的标志头。其中包括时间戳 timestamp，这个标志头的作用是同步所有数据的系统时间戳；模块名称 module_name，当前模块的名称；序列号 sequence_num，是用于跟进和记录自系统启动以来发送的数据次数的计数器；硬件时间戳 hardware_timestamp，不同于系统时间戳，这是来自传感器的时间戳。通过同时跟踪传感器时间戳和系统时间戳，我们能够持续记录系统和传感器之间的时差。

```
Common.proto
syntax = "proto3";
package piauto.common;

message Header {
    // message publishing time in milliseconds since 1970.（消息发布时间，用自1970以来的
毫秒数表示）
    uint64 timestamp = 1;

    // module name（模块名称）
    string module_name = 2;

    // sequence number for each message: each module maintains its
    own counter for（每条消息的序列号：每一个模块维护各自的序列号计数器）
    // sequence_num, always starting from 1 on boot.（计数器总是从1开始）
    uint32 sequence_num = 3;

    // hardware sensor timestamp in milliseconds since 1970（传感器硬件时间戳，用自1970以
来的毫秒数表示）
    uint64 hardware_timestamp = 4;
}
```

Geometry.proto 文件存储的数据结构包含了自动驾驶汽车在感知以及规划控制模块中经常用到的各种几何图形与概念。这些几何图形包括二维点（2D points）、三维点（3D points）、速度（velocity）和多边形（polygons）。一般来说，多边形通常被视为三维点的集合。

```
Geometry.proto
syntax = "proto3";
package piauto.common;

// A general 3D point, in meter（一般三维点，单位为米）
message Point3D {
    double x = 1;
    double y = 2;
    double z = 3;
}
// A general 2D point, in meter（一般二维点，单位为米）
message Point2D {
    double x = 1;
    double y = 2;
}

// General speed, in m/s（一般速度，单位为米每秒）
message Velocity3D {
    double vel_x = 1;
    double vel_y = 2;
```

```
        double vel_z = 3;
}

// A general polygon, points are counter clockwise（一般多边形，多边形顶点为逆时针方向计数）
message Polygon {
    repeated Point3D point = 1;
}
```

9.6.2　底盘数据

Chassis.proto 文件用来表示自动驾驶汽车中由底盘生成的数据格式。这些数据片段会被不断发送到规划和控制模块。规划和控制模块可以将这些底盘数据与来自感知和定位模块的数据相结合，进而生成实时的控制命令。这些底盘数据也会被发送到 UI 模块，用来向乘客和驾驶员告知车辆的当前状态。在下面的底盘数据 protobuf 文件中，我们向读者展示了一些相对更常用的底盘数据，包括错误代码（error code）、车速（vehicle speed）、车辆里程表（vehicle odometer）、燃油范围（fuel range）、转向角度（steering angle）和转向速度（steering velocity）。

```
Chassis.proto
syntax = "proto3";
package piauto.chassis;
import "header.proto";

// next id: 31
message Chassis{
    enum DrivingMode{
        COMPLETE_MANUAL = 0;      // manual mode（手动模式）
        COMPLETE_AUTO_DRIVE = 1; // auto mode（自动模块）
        AUTO_STEER_ONLY = 2;      // only steer（只使用转向）
        AUTO_SPEED_ONLY = 3;      // include throttle and brake（包括油门和制动器）

        // security mode when manual intervention happens, only response status（发生
手动干预时的安全模式，仅响应状态）
        EMERGENCY_MODE = 4;
        MANUAL_INTERVENTION = 5; // human manual intervention（手动干预模式）
    }

    enum ErrorCode{
        NO_ERROR = 0;

        CMD_NOT_IN_PERIOD = 1; // control cmd not in period（控制命令不在周期内）
        // receive car chassis can frame not in period（不在周期内接收车辆 CAN 帧）

        CHASSIS_CAN_NOT_IN_PERIOD = 2;
        // car chassis report error, like steer, brake, throttle,gear fault(车辆底盘报错，
例如转向、刹车、油门、齿轮故障)
        CHASSIS_ERROR = 3;

        // classify the types of the car chassis errors（对车辆底盘错误进行分类）
        CHASSIS_ERROR_ON_PARK = 4;
        CHASSIS_ERROR_ON_LIGHT = 5;
        CHASSIS_ERROR_ON_STEER = 6;
        CHASSIS_ERROR_ON_BRAKE = 7;
        CHASSIS_ERROR_ON_THROTTLE = 8;
        CHASSIS_ERROR_ON_GEAR = 9;
```

```
        UNKNOWN_ERROR = 10;
    }

    enum GearPosition{
        GEAR_NEUTRAL = 0;
        GEAR_DRIVE = 1;
        GEAR_REVERSE = 2;
        GEAR_PARKING = 3;
        GEAR_LOW = 4;
        GEAR_INVALID = 5;
        GEAR_NONE = 6;
    }

    common.Header header = 1;
    bool engine_started = 3;
    // engine speed in RPM.（用RPM——转数每分钟表示的引擎速度）
    float engine_rpm = 4;

    // vehicle speed in meters per second.（用米每秒表示的车辆速度）
    float speed_mps = 5;

    // vehicle odometer in meters.（单位为米的车辆里程）
    float odometer_m = 6;

    // fuel range in meters.（单位为米的燃油航程）
    int32 fuel_range_m = 7;

    // real throttle location in [%], ranging from 0 to 100.（以百分比表示的油门实际位置，
范围从 0 ～ 100）
    float throttle_percentage = 8;

    // real brake location in [%], ranging from 0 to 100.（以百分比表示的刹车实际位置，范围从
0 ～ 100）
    float brake_percentage = 9;

    // real steering location in degree, ranging from about -30 to 30.（用度数表示的方
向位置，范围从 -30 ～ 30）
    // clockwise: negative（顺时针：负数表示）
    // counter clockwise: positive（逆时针：正数表示）
    float steering_angle = 11;

    // applied steering velocity in [degree/second].（应用转向速度，用度每秒表示）
    float steering_velocity = 12;

    // parking brake status.（停车刹车状态）
    bool parking_state = 13;

    // battery voltage（电池电压）
    float battery_voltage = 14;

    // battery power in [%], ranging from 0 to 100.（以百分比表示的电池电量，范围从 0 ～ 100）
    float battery_power = 15;

    // signals.（信号）
    bool high_beam_signal = 16;
    bool low_beam_signal = 17;
    bool left_turn_signal = 18;
    bool right_turn_signal = 19;
    bool flash_signal = 20;
```

```
        bool horn = 21;
        bool wiper = 22;
        bool disengage_status = 23;
        DrivingMode driving_mode = 24;
        ErrorCode error_code = 25;
        GearPosition gear_location = 26;

        // timestamp for steering module（转向模块的时间戳）
        double steering_timestamp = 27; // In seconds, with 1e-6 accuracy（以秒为单位，精度为10⁻⁶）
        WheelSpeed wheel_speed = 30;
}

message WheelSpeed{
        enum WheelSpeedType{
                FORWARD = 0;
                BACKWARD = 1;
                STANDSTILL = 2;
                INVALID = 3;
        }

        bool is_wheel_spd_rr_valid = 1;
        WheelSpeedType wheel_direction_rr = 2;
        double wheel_spd_rr = 3;
        bool is_wheel_spd_rl_valid = 4;
        WheelSpeedType wheel_direction_rl = 5;
        double wheel_spd_rl = 6;
        bool is_wheel_spd_fr_valid = 7;
        WheelSpeedType wheel_direction_fr = 8;
        double wheel_spd_fr = 9;
        bool is_wheel_spd_fl_valid = 10;
        WheelSpeedType wheel_direction_fl = 11;
        double wheel_spd_fl = 12;
}

message License
{
        string vin = 1;
}
```

9.6.3　定位数据

　　Localization.proto 文件格式是用来存储定位数据的，这些数据被不断地发送到规划和控制模块进行处理。在 protobuf 文件中，关键数据包括使用通用横轴墨卡托投影（universal transverse Mercator）格式表示的车辆位置（utm_x，utm_y）以及车辆航向。每条定位数据都包含关于当前定位数据的详细信息。这些信息表明了当前定位数据是仅由 GPS 生成的还是由 GPS 和其他技术（例如 VIO）融合生成的。

```
Localization.proto
syntax="proto3";
package piauto.localization;
import "header.proto";
enum LocalizationStatus{
    GPS = 0; // postion:GPS heading:GPS（位置: GPS 航向: GPS）
    BOTH_FUSION = 1; // postion:FUSION heading:FUSION（位置: 融合 航向: 融合）
```

```
        GPS_FUSION = 2; // postion:GPS heading:FUSION（位置：GPS 航向：融合）
        FUSION_GPS = 3; // postion:FUSION heading:GPS（位置：融合 航向：GPS）
        INIT=4;
        ERROR=5;
}

enum FusionType{
        ORIGIN_GPS = 0;
        FUSION = 1;
}

enum GPSStatus{
        FLOAT = 0;
        FIXED = 1;
}

enum ErrorType{
        // sensor failed
        IMAGE_OPEN_FAILED=0;
        IMU_OPEN_FAILED=1;
        GPS_OPEN_FAILED=2;

        // init failed
        GRAVITY_INIT_FAILED=11;
        GPS_INIT_FAILED=12;
        GPS_INVALID_DATA=13;

        // run error
        CONNECT_FAILED=20;
}

message LocalizationData{
        // header
        common.Header header = 1;

        // position
        double utm_x = 2;
        double utm_y = 3;
        double utm_x_variance = 4;
        double utm_y_variance = 5;
        sint32 utm_zone = 6;
        FusionType position_type = 7;
        GPSStatus gps_position_status = 8;

        // heading
        double heading = 9;
        double heading_variance = 10;
        FusionType heading_mode = 11;
        GPSStatus gps_heading_status = 12;

        // system status
        LocalizationStatus localization_status = 13;
        ErrorType error_code = 14;
}
```

9.6.4 感知数据

Perception.proto 文件存储感知数据，这些数据被不断地发送到规划和控制模块来进行处理。在 protobuf 文件中关键的数据包括对象位置、对象速度和对象类型。每条感知数据都包含有关当前感知数据的详细信息，这些信息表明当前感知数据是由视觉（vision）、声呐（sonar）、雷达（radar）还是它们的融合（fusion）生成的。

```
Perception.proto
syntax = "proto3";

package piauto.perception;

import "geometry.proto";
import "header.proto";

message PerceptionObstacle{
    // timestamp（时间戳）
    common.Header header = 1;

    // we assume the basic sensors include radar, sonar, and stereo_camera（我们假设基本传感
器包括雷达，声呐和立体摄像机）
    enum SensorType {
        UNKNOWN_SENSOR = 0;
        RADAR = 1;
        VISION = 2;
        ULTRASONIC = 3;
        FUSION = 4;
    };

    SensorType sensor_type = 2;

    // identify different sonar and radar（标识不同的声呐和雷达）
    int32 sensor_id = 3;

    // each obstacle has an unique id（每个障碍物都有单独唯一的 id）
    int32 obstacle_id = 4;

    common.Point3D position = 5;

    common.Velocity3D velocity = 6;

    // obstacle semantic type（障碍物的语义类型）
    enum ObstacleType{
        UNKNOWN_OBSTACLE = 0;
        UNKNOWN_MOVABLE = 1;
        UNKNOWN_UNMOVABLE = 2;
        CAR = 3;
        VAN = 4;
        TRUCK = 5;
        BUS = 6;
        CYCLIST = 7;
        MOTORCYCLIST = 8;
        TRICYCLIST = 9;
        PEDESTRIAN = 10;
        TRAFFIC_CONE = 11;
        TRAFFIC_LIGHT = 12;
    };
```

```
    ObstacleType obstacle_type = 7;

    // confidence level regarding the detection result（检测结果的置信水平）
    double confidence = 8;
    enum ConfidenceType{
        CONFIDENCE_UNKNOWN = 0;
        CONFIDENCE_CNN = 1;
        CONFIDENCE_STEREO = 2;
        CONFIDENCE_RADAR = 3;
    };

    ConfidenceType confidence_type = 9;

    repeated common.Polygon polygons = 10;

    // traffic light detection result（交通信号灯的检测结果）
    enum TrafficLightColor{
        UNKNOWN = 0;
        RED = 1;
        YELLOW = 2;
        GREEN = 3;
        BLACK = 4;
    };

    TrafficLightColor traffic_light_color = 11;

    // historical points on the trajectory path（轨迹路径上的历史点）
    message TrajectoryPathPoint{
        common.Point3D path_point = 1;

        // in milliseconds since 1970（自1970年来的毫秒数）
        uint64 timestamp = 2;

        // in millisecond by hardware sensor（来自硬件传感器，用毫秒数表示）
        uint64 hardware_timestamp = 3;
    }

    repeated TrajectoryPathPoint trajectory_points = 12;

    // confidence level of the trajectory prediction（轨迹预测的置信水平）
    double trajectory_probability = 13;

    enum IntentType{
        UNKNOWN_INTENT = 0;
        STOP = 1;
        STATIONARY = 2;
        MOVING = 3;
        CHANGE_LANE = 4;
        LOW_ACCELERATION = 5;
        HIGH_ACCELERATION = 6;
        LOW_DECELERATION = 7;
        HIGH_DECELERATION = 8;
    }

    // estimated obstacle intent（估计出的障碍物的意图）
    IntentType intent_type = 14;

    enum ErrorCode{
        OK = 0;
        IMAGE_TIMEOUT_ERROR = -1;
    }
```

```
        ErrorCode error_code = 15;
}

message PerceptionObstacles{
        repeated PerceptionObstacle perception_obstacle = 1;
}
```

9.6.5 规划数据

规划与控制模块使用来自感知模块、定位模块和底盘模块的数据，并生成实时控制命令。Decision.proto 文件定义了车辆的行为，包括跟随前方车辆、给另一辆车让位、停止当前车辆以及避开障碍物等基础行为。此外，当前车辆的停止原因同样也会在 Decision.proto 中给出定义。

```
Decision.proto

syntax = "proto3";

package piauto.plannning;

import "geometry.proto";

message EStop{
        // is_estop is true when emergency stop is required（当需要紧急停止的时候，is_estop 为真）
        bool is_estop = 1;
        string reason = 2;
}

message MainEmergencyStop
{
        // unexpected event happened, human driver is required to take over（发生意外事件,
        需要人类驾驶员进行接管）
        enum ReasonCode{
                ESTOP_REASON_INTERNAL_ERR = 0;
                ESTOP_REASON_COLLISION = 1;
                ESTOP_REASON_SENSOR_ERROR = 2;
        }
        ReasonCode reason_code = 1;
}

enum StopReasonCode{
        STOP_REASON_HEAD_VEHICLE = 0;
        STOP_REASON_DESTINATION = 1;
        STOP_REASON_PEDESTRIAN = 2;
        STOP_REASON_OBSTACLE = 3;
        STOP_REASON_PREPARKING = 4;
        STOP_REASON_SIGNAL = 5; // only for red light（只适用于红灯）
        STOP_REASON_STOP_SIGN = 6;
        STOP_REASON_YIELD_SIGN = 7;
        STOP_REASON_CLEAR_ZONE = 8;
        STOP_REASON_CROSSWALK = 9;
        STOP_REASON_CREEPER = 10;
        STOP_REASON_REFERENCE_END = 11; // end of the reference line（参照线的末尾）
        STOP_REASON_YELLOW_SIGNAL = 12; // yellow light（黄灯）
        STOP_REASON_LANE_CHANGE_URGENCY = 13;
}

message MainStop{
        StopReasonCode reason_code = 1;
```

```
        string reason = 2;

        // when stopped, the front center of vehicle should be at this point.（当车辆停止时,
车辆的前部中心应该在这个位置）
        common.Point3D stop_point = 3;

        // when stopped, the heading of the vehicle should be stop_heading.（当车辆停止时,
车辆的航向应位于 stop_heading）
        double stop_heading = 4;
}

// strategy to ignore objects（忽略对象时的策略）
message ObjectIgnore{
        string ignore_strategy = 1;
        double distance_s = 2; // in meters（以米为单位）
}

message ObjectStop{
        StopReasonCode reason_code = 1;

        double distance_s = 2; // in meters（以米为单位）

        // when stopped, the front center of vehicle should be at this point.（当车辆停止时,
车辆的前部中心应该在这个位置）
        common.Point3D stop_point = 3;

        // when stopped, the heading of the vehicle should be stop_heading.（当车辆停止时,
车辆的航向应位于 stop_heading）
        double stop_heading = 4;

        repeated string wait_for_obstacle = 5;
}

// strategy to follow objects（跟随对象时的策略）
message ObjectFollow{
        string follow_strategy = 1;
        double distance_s = 2; // in meters（以米为单位）
}

// strategy to yield objects（给对象让位的策略）
message ObjectYield{
        string yield_strategy = 1;
        double distance_s = 2; // in meters（以米为单位）
}

// strategy to avoidance objects, such as double-lane changing or floating -lane（避让对
象的策略，例如由双车道变换或浮动车道）
// avoidance（避让）
message ObjectAvoid{
        string avoid_strategy = 1;
        double distance_s = 2; // in meters（以米为单位）
}

message ObjectDecisionType  {
        oneof object_tag  {
            ObjectIgnore ignore = 1;
            ObjectStop stop = 2;
            ObjectFollow follow = 3;
            ObjectYield yield = 4;
            ObjectAvoid avoid = 5;
        }
}
```

```
message ObjectDecision{
    string id = 1;
    int32 perception_id = 2;
    repeated ObjectDecisionType object_decision = 3;
}

// decisions based on each object（基于每一个物体的决策）
message ObjectDecisions{
    repeated ObjectDecision decision = 1;
}

message MainLaneKeeping{
    string lane_id = 1;
    string sec_id = 2;
}

message MainNotReady{
    // decision system is not ready. e.g. wait for routing data.（决策系统还没有准备好，
例如，在等待航路数据）
    string reason = 1;
}

message MainParking{
    // parking_lot（停车场）
    string parking_lot = 1;
}

message MainMissionComplete{
    // arrived at routing destination（到达航路目的地）
    // when stopped, the front center of vehicle should be at this point.（当车辆停止时，
车辆的前部中心应该在这个位置）
    common.Point3D stop_point = 1;
    // when stopped, the heading of the vehicle should be stop_heading.（当车辆停止时，
车辆的航向应位于 stop_heading）
    double stop_heading = 2;
}

message MainDecision{
    oneof task{
        MainLaneKeeping lane_keeping = 1;
        MainStop stop = 2;
        MainEmergencyStop estop = 3;
        MainMissionComplete mission_complete = 4;
        MainNotReady not_ready = 5;
        MainParking parking = 6;
    }
}

message DecisionResult{
    // decisions based on task and motion planning（基于任务和动作规划的决策）
    MainDecision main_decision = 1;
    // decisions based on each object（基于每一个物体的决策）
    ObjectDecisions object_decision = 2;
}
```

Planning.proto 文件中封装了 decision.proto 文件，在该文件中还包含了当前车辆的控制状态以及车辆状态。这些信息可以被发送到 UI 模块进行显示，也会被记录在日志当中以便于开发人员对车辆进行开发调试。

```
Planning.proto

syntax = "proto3";

package piauto.plannning;

import "decision.proto";
import "header.proto";
import "geometry.proto";

message Planning{
      common.Header header = 1;
      ControlState control_state = 2; // control state（控制状态）
      VehicleState state = 3;          // vehicle state（车辆状态）

      // decision of the vehicle, lane follow, stop by obstacle and etc..（车辆决策结果：
车道跟随，障碍物停车等）
      DecisionResult decision = 4;

      repeated common.Point3D trajectory_point = 5; // predict trajectory（预测轨迹）

      // signal status of the current vehicle（当前车辆的信号状态）
      ADCSignals adc_signals = 6;

      bool autonomous_mode = 7;
}

enum ControlState{
      // attach to current lane（附属到当前车道）
      AttachLane = 0;

      // turning left and right state（左转和右转状态）
      Turnning = 1;

      // no attach lane, need slow down and try to attach lane（没有附属到车道，需要减速并
尝试连接车道）
      CloserToLane = 2;

      // Stop（停止）
      Stop = 3;
}

message VehicleState{
      // Current pose of the vehicle（车辆的当前姿态）
      common.Point3D pose = 1;
      double body_angle = 2;
      double front_wheel_angle = 3;
      double rear_wheel_speed = 4;
}

message ADCSignals{
      enum SignalType{
            LEFT_TURN = 0;
            RIGHT_TURN = 1;
            LOW_BEAM_LIGHT = 2;
            HIGH_BEAM_LIGHT = 3;
            FOG_LIGHT = 4;
            EMERGENCY_LIGHT = 5;
            HORN = 6;
      }
      repeated SignalType signal = 1;
}
```

9.7　用户界面

最后，我们展示了用户界面（UI），用户使用该用户界面来与自动驾驶车辆交互是非常容易的。图 9.7 显示了车辆静止时的用户界面。在用户界面的左侧，用户可以看到当前时间、车辆的当前速度、下一个站点以及到达目的地的预估时间。在用户界面的右侧，会显示部署环境的地图，还有沿着站点以及站点之间的固定路线。用户可以与地图进行交互。用户能够通过选择目的地，然后单击左侧的"开始"（START）来启动车辆，让车辆开始行进。

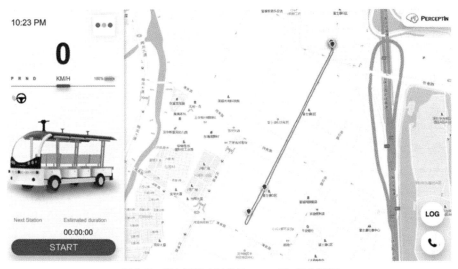

图 9.7　当车辆静止时的 DragonFly 用户界面

图 9.8 展示了车辆移动时的用户界面。在用户界面的左侧，用户可以看到车辆的当前速度，检测到的障碍物也会被投影到用户界面上。用户还可以通过点击用户界面上的"停止"（STOP）按钮，来随时停止车辆。

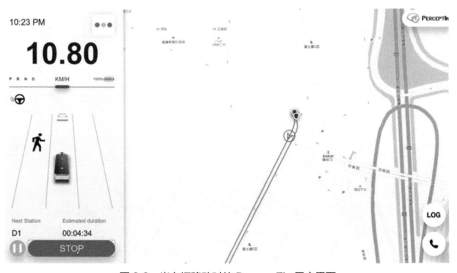

图 9.8　当车辆移动时的 DragonFly 用户界面

参考文献

[1] Kite-Powell J (2018). This company says you can design your own autonomous vehicle. https://www.forbes.com/sites/jenniferhicks/2018/09/24/this-company-says-you-can-design-your-own-autonomous-vehicle/#33733dab2009 (accessed 1 October 2019).

[2] PerceptIn (2018). Build your own autonomous vehicles with DragonFly technologies. https://www.perceptin.io/post/build-your-own-autonomous-vehicle-with-dragonfly-technologies (accessed 1 October 2019).

[3] YouTube (2019). PerceptIn DragonFly Autonomous Pod in Extreme Traffic Environments. https://www.youtube.com/watch?v=KhzwnJ8ayYg&t=42s (accessed 1 October 2019).

[4] YouTube (2019). Autonomous Shuttle Service Provided by PerceptIn. https://www.youtube.com/watch?v=6twW4EoiThk (accessed 1 October 2019).

10

搭建商业智能太空探索机器人

10.1 简介

在第 9 章中，我们介绍了一个关于如何构建低速自动驾驶电动车（LSEVs）的研究案例。本章我们将探讨一个非常有趣的话题，即构建商业的智能太空探索机器人。最近，随着太空探索公司的出现，如 SpaceX 和蓝色起源，我们预想中的商业智能太空探索机器人会在不久的将来成为现实。

近年来，我们已经向太空中发送了许多智能机器人，这些机器人被用于不同的目的，例如拍照和矿物成分的分析。相较于载人航空任务，太空探索机器人不需要回收，减少了安全保障的要求并延长了探索距离。同时，使用机器人也降低了任务的复杂性和成本，因为机器人不需要舰载生命保障系统；相比于人类，机器人可以在极端温度、压力和辐射等恶劣条件中正常运行。

目前，大多数的太空探索机器人在执行对应任务时需要依靠来自地球的远程控制，但这种控制方法存在着极长的通信延迟，这会使得操作者在接收消息、决定下一步动作的执行和向航天器（太空探索机器人）发送指令等方面缺乏足够的效率。为了提高机器人执行探索任务的效率，美国宇航局（NASA）已经多次尝试着在火星上实现机器人的自动导航[1]。

我们设想的商业智能太空探索机器人如图 10.1 所示，该机器人不仅能够在火星上执行一些基本的探索任务，还可以建造一些基础设施以适合人类的居住。虽然现在已经有一些向火星等行星成功发射探索机器人的案例，但是对于如何开发适合商业太空探索任务的智能机器人还需要进行更多的研究和尝试。随着太空探索公司的出现，我们相信这些问题会得到进一步解决，并且商业智能太空探索机器人会在未来的探索任务中发挥重要作用。

在本章中，我们会详细讨论实现商业太空探索机器人所需要的自动驾驶技术，其中包括了我们在以上章提到的定位、感知、控制和规划等技术，并会告诉读者如何将这些模块整合到一个实际的工作系统中。

图 10.1　未来的太空探索机器人

本章的大体架构如下：在 10.2 节中，我们将具体介绍火星上的环境，并就此讨论要想在火星上实现智能探索机器人，我们仍需解决的一些问题。在 10.3 节中，我们将讨论实现未来智能探索机器人所需要的技术。在 10.4 节中，我们将说明目前太空探索急需突破的一个难题，即计算能力，同时得出最终的结论。

10.2　目的地——火星

火星是智能太空探索机器人的一个潜在目的地。近些年来，火星成为太空探索的热点。相较于其他行星，该星球距离地球相对较近且与地球有很多宏观层面上的相似之处，例如火星上也存在着大气层以及有证据显示火星过去存在着流动水。

我们对火星进行探索的目的可以大致分为以下几种：了解火星环境的演变，检查火星目前的具体状况，探索火星在过去、现在和将来诞生生命的可能性。此外，探索火星还会为开发潜在的火星资源以及火星移民奠定基础。

目前，火星环境的不确定性和人工探索的高成本是阻碍人类对火星进行探索最主要的两个因素。因此，我们目前主要使用太空探索机器人来执行火星表面环境的探索任务。探索机器人会将收集到的火星表面数据发送回地球，为人类将来对火星进行探索奠定基础。

火星环境在大气成分、温度和地质特征方面与地球环境存在很大的不同，这些差异为我们设计智能机器人带来了很大的挑战。火星大气层中有 96% 的二氧化碳，而地球大气层中二氧化碳只有不到 1%。火星上的温度范围很大，最高可达 70 ℉❶，而最低可至 −225 ℉。由于大气层非常稀薄，太阳的热量很容易从火星散发到宇宙中。此外，火星上还经常发生沙尘暴，这些沙尘暴会覆盖火星的大部分区域。沙尘暴发生后，需要几个月的时间才能使卷起的灰尘沉淀下来[2]。

火星上的地质特征通常比地球上的地质特征更加极端。例如，火星上最深的峡谷深达 7km，而地球上最深的峡谷只有 1.8km（雅鲁藏布江大峡谷）[3]。火星的土壤也与地球的土壤不同，火星的土壤是由细小的风化岩石颗粒和未凝固的岩石粉末构成的，因此其附着摩擦力较小，这也影响了在火星风暴期间的能见度。这些因素对智能探索机器人的传感器设计提出

---

❶　180℉=100℃。

了很大的挑战。

因此，极端的地质特征、较小的附着摩擦力的土壤和低重力对智能探索机器人的硬件和软件设计带来了巨大的挑战。

10.3   火星探索机器人

我们在之前的章节中介绍了一些在地球环境下实现的自动驾驶技术，但是当我们进行太空探索任务时，车辆是在太空或者火星上运行的，与地球环境存在着很大的差异性。因此我们必须对上述方法进行一些修改以适应环境的变化。

在地球以外的行星中，这些行星既不存在类似的交通系统，也没有需要避免的移动物（例如汽车和行人等）。这都会简化我们对于自动驾驶系统的设计要求，因为探索机器人不需要像汽车一样，需要实现厘米级的精确定位，其可以随意在星球表面中移动和规划路径，而不用担心会出现交通事故。但是，太空中缺少相关的基础设施，这会给自动驾驶系统的设计带来巨大的挑战。

相较于地球，太空中缺少 GPS 定位或者详细的地图、地形状况更为复杂，且太空中没有道路等基础设施，这些都会是我们在设计自动导航系统时需要考虑的问题。目前，对于火星探索自动驾驶系统的研究，我们将重点放在了感知与决策的部分上。火星上的环境对于探索机器人的定位和路径规划都带来了极大的挑战。

10.3.1   定位

在没有 GPS 和具体地图的情况下，火星探索机器人的定位任务是在获得周围环境信息的同时，沿着其预定运动轨迹移动并估计出机器人在环境中的具体位置。火星探索机器人主要依靠相机和惯性测量单元（IMU）来进行定位，但是火星探测机器人还配备一个额外的传感器用于定位——星跟踪器（star tracker），该传感器是一个用于测量星星位置的光学装置。目前火星探索机器人主要采取以下三种定位方式：基于视觉的同步定位和建图（SLAM），基于 IMU 的航位推算以及星体跟踪。

因为缺少火星的相关地图，所以探索机器人需要在一个未知的环境中进行移动并跟踪其移动路径。SLAM 是一种让机器人构建环境地图并根据地图进行定位的方法。在行驶过程中，探索机器人通过 SFM（structure-from-motion，是一种基于各种收集到的序列图片进行三维重建的离线算法）算法来估计其行驶轨迹。通过将特征匹配和三角测量算法相结合，我们可以用该轨迹创建一个环境布局。最终，构建出的环境布局可以反过来进一步被用于机器人的环境定位[1]。

视觉里程计（visual odometry，VIO）是一种比较流行的 SLAM 技术。VIO 算法利用相机视觉来估计探索机器人的行驶轨迹。该算法首先检测出图像中的突出特征点，然后通过立体匹配估计出所选特征点的三维位置。VIO 通过一系列连续的光学图像来追踪图像中突出的特征点，进而来确定探索机器人的位置变化。实际上，视觉定位方法已经成功应用于 2003 年的美国宇航局的火星探测任务中，并且取得了良好的结果。

另一种在火星上实现定位的方法是航位推算法，即根据探索机器人之前的位置信息来估算其实时位置信息，并根据速度等估计信息对其实时位置进行更新。航位推算法通常需要使用到 IMU 或车轮编码器[4]。IMU 中内置了陀螺仪和速度计，因此其可以估计出探索机器人当前的线性加速度和角速度。将这些数据对时间进行积分等运算，我们可以通过这些数据进行航位推算与位姿估计。但是因为航位推算法需要对时间进行积分，所以该方法预估的准确性会随着时间的推移而降低。因此在进行长时间或者远距离的定位任务时，该方法难以取得有效的结果。同样地，另一种使用车轮测距的行位推算法（依靠轮速计实现）在火星进行作业时同样存在着一些问题。因为火星表面覆盖着大量细小的风化岩石颗粒，并且探索机器人需要经常在崎岖不平的地形上行驶移动，所以机器人车轮会时不时出现打滑现象，这会使得车轮测距方法出现误差（车轮编码器会因为打滑出现车轮圈数的增加）。

星体跟踪法是另一种可以用于行星探索任务的定位方法[5]。因为在火星上机器人不可以使用 GPS 和全球磁场，所以我们很难使用常规方法来确定机器人的实时方向。星体跟踪法的原理是通过相机和星跟踪器来识别一组已知星星的位置，并将识别出的位置与我们预先存储在内存中对应星星的绝对位置进行比较。因为很多恒星的位置已经被精确测量到了，因此星体跟踪法可以实现探索机器人方向的精确估算。但是，星体跟踪法无法在任何时间都实现精确的定位。这种星体跟踪法只能在夜间做到精确的定位，因为由于光线对相机的影响，在明亮环境中该方法可能会失效。

10.3.2 感知

由上述小节可知，火星表面地形状况十分复杂，因此我们设计机器人的自动驾驶系统时，需要注重地形的评估。与在地球的自动驾驶方法类似，火星探索机器人的障碍物规避系统由如下两个方面构成：主动规避和被动规避。

主动规避：探索机器人利用双目视觉（stereo vision）与三角测量算法生成三维点云，这些三维点云能表征出周边环境的形状，因此可以检测出障碍物与危险区域。探索机器人都有强大且高效的机载处理器和用于处理危险的感知算法，因此机器人很容易通过感知到的几何状况对地形进行评估，进而对障碍物进行有效规避，例如岩石的评估。但是其无法检测到那些几何形状不显著的危险区域，例如地形的低承重性。

被动规避：探索机器人需要综合考虑其基本的水平信息，例如当前机器人的倾斜度与车轮和悬架的反馈。被动规避作为规避系统的最后一道防线，当传感器发出的任何反馈出现异常时，会立即触发对应的应急措施。例如当车轮测距与视觉测距之间的误差超过了我们设定的阈值时，机器人即可断定此时正处于严重的打滑状态中，因此需要采取其他措施来进行修改。

10.3.3 路径规划

为了使得机器人可以从一个地区行驶到另一个地区，探索机器人会产生一系列方向不同的导航点，这些导航点都会最终通向目标区域。这些导航点是机器人通过重复的地形估计和路径选择来获得的。

我们在前面提出的基本的危险规避方法中已经可以使机器人在处于危险区域时停止移动。但是为了提升机器人的运行效率和安全性，我们需要将地形评估纳入路径规划的过程中。

我们将多种地形评估方式应用于探索机器人路径规划过程。其中一种方式是将立体图像中包含的环境信息转换成网格单元，这些网格单元覆盖了探索机器人周边的环境区域，系统也会依此生成一个可通过性地图并将其存储在机器人的存储设备中。

探索机器人一直处于该地图的中央区域，并且该地图会随着地形评估信息的更新（地形评估信息的区域会随着机器人的移动而变化）而不断更新。然后，路径规划地图通过平面拟合来得到机器人在地图中任意一点的安全性。该平面拟合会综合考虑探索机器人的形状、机器人的大小和一个安全系数来得出对应点的安全性。

系统通过从立体图像中获取的点云，以每个网格单元为中心，选取一组点云，用于代表探索平面的三维点。这些数据可以帮助系统分析机器人在地图中实际可以通过的地点。例如，系统会分析地形的倾斜度和粗糙度，以判断机器人能否通过。如果一个网格单元中，该区域的平面有过大的倾斜角度、存在大量的残留物或者路径偏差过大（偏差大于探索机器人的间隙），那么该网格单元会被标记为无法通过。举个例子，如果一个网格单元的探索平面是一个陡峭的山坡，或者地面上有很多的石头和凸起的物体，或者机器人所在路径偏离了地图上的预期路径，那么该网格单元将被标记为无法通过。这些判断是基于三维点云数据进行的，因此非常准确和可靠。

在理想的情况下，探索平面应该与实际地面平齐。为了实现这个目标，我们采用上述评估过程来为每个网格单元分配一个安全系数。该系数可以反映该网格单元的地形安全程度。不同的安全系数会对应不同的颜色区域，这种方法可以直观地反映环境的安全状态。我们可以将这个结果用作探索机器人路径规划的依据（如图 10.2 所示）。

图 10.2　基于可通过性地图的网格单元

探索机器人在进行路径选择时需要遵循以下两个原则：安全性和效率性。当系统产生了一系列路径规划之后，路径会被映射到可通过性地图上。探索机器人会根据通过的网格单元的安全系数，对每条路径进行总体安全性与可通过性的评估。在路径选择时，机器人会优先选择直接通向行驶目标点的路径，因为这样可以提高行驶效率。当候选路径偏离直接到达路径时，机器人的行驶效率会降低。但是，为了确保机器人的行驶安全，系统也会综合考虑行驶效率和行驶安全性，以选择最佳路径。因此，探索机器人能够在保证安全的前提下，选择最优的路径以到达目的地。

10.3.4　好奇号漫游车和火星 2020 探测器

正如在"Mars Exploration Program"[6] 中描述的那样，火星探索机器人也是采用的模块化设计，例如好奇号漫游车由以下基本模块构成：

底盘：底盘是漫游车的重要部件，它能够保护探测器的计算机和电子装置，使其得到有效的保护和良好的温度控制。漫游车的底盘采用了坚固的外层，能够在火星表面行驶时有效地保护这些"重要器官"。另外，底盘上方还有一个密封的漫游车设备装甲部件，能够像敞篷汽车一样，在行驶过程中没有遮挡。这个部件能够使得漫游车的桅杆和相机没有遮挡，因此可以在漫游车行驶过程中拍摄照片并清晰地观察火星表面的地形。

电源系统：好奇号漫游车需要电源以进行运作。它采用放射性同位素作为电源，即核动力电源。该电源系统利用钚的放射性衰变产生的热量进行发电。这种电源可以为漫游车提供全少一年（火星上的一年等于 687 个地球日）的电力，甚至更长时间。相较于以前的火星探测器，核动力电源能够提供更强大的机动性和操作灵活性、更大的负载能力，以承载更多的精密测量仪器。这使得好奇号漫游车能够探索更广阔的范围。

通信系统：好奇号漫游车安装有多个天线，这些天线既可以充当其"声音"，也可以充当其"耳朵"。这些天线位于漫游车设备甲板上。研究人员为漫游车配备了很多根天线以供其选择，以备不时之需。

正常情况下，好奇号漫游车会通过这些高频天线（传输速率约 400MHz）来发送无线电波，这些无线电波会通过 NASA 的火星奥德赛（Mars Odyssey 是 NASA "火星勘测者 2001 计划"中保留的探测器，该计划最初包括 2 次飞行任务，分别发射轨道器和着陆器，但 NASA 后来取消了 2001 年的火星着陆任务，保留了轨道器任务，并将其重新命名为"2001 火星奥德赛"，简称为"火星奥德赛"，探测器于 2001 发射成功以用于对火星表面环境数据进行探测并为后续的火星探测任务提供中继服务）和火星勘测轨道器（Mars Reconnaissance Orbiter，MRO 探测器于 2005 年发射成功以用于确定火星表层气候状况和火星地形分层特性，为以后的火星着陆任务寻找适合的着陆地点，同时为这些任务提供通信中继功能）与地球进行通信。我们选择通过轨道器来转发信息是因为它们比地球上的深空网络（Deep Space Network，DSN）天线更接近火星探测器，并且这些轨道器和地球的可通信时间段大于火星探测器和地球的可通信时间段。

好奇号还会通过这些高增益天线直接接收地球任务小组发送的指令。高增益天线可以向特定方向发送一束信息，并且这些天线是可转向的，因此其可以直接指向地球上的任何天线。

除了上述通信设备以外，好奇号还配备了低增益天线以接收信号。这类天线可以在任意方向发送和接收信息；简单地讲，这是"全方位的"。这类天线会以低速率向地球上的 DSN 天线发射无线电波。

感知系统：好奇号漫游车配备了 4 对工程避障相机（Hazcams）用于感知周围环境。这些黑白相机利用可见光实现三维成像。漫游车通过成对的 Hazcam 图像来绘制前方 3m 范围内地形的地图，最远可以绘制到 4m 宽的"楔子"形状。与人眼可以通过眼球转动改变成像区域不同，Hazcam 相机不能独立移动，因此为了获得好奇号漫游车两侧的地形信息，我们必须将它们安装在漫游车车身上。

定位系统：漫游车还依靠两对工程导航相机（Navcams）进行定位。这些黑白相机被安装在桅杆上（桅杆是漫游车的"颈部和头部"）。这些相机使用可见光来实现周边全景的三维成像。导航相机单元由一对立体相机构成，通过成对拍摄的立体图像来创建深度图，并将图像转换为三维点云，从而生成地图。这些地图可以与好奇号的轨迹一起使用，用于导航和路径规划。因此科学家和工程师们可以通过视觉 SLAM 的结果来实现漫游车的导航和规划。

目前最新的火星探测器项目是 NASA 的火星 2020 探测器，该探测器预计于 2020 年 7 月发射（该任务于世界标准时间 2020 年 7 月 30 日 19 时 50 分发射并于美国东部时间 2 月 18 日下午 3 时 55 分降落在火星的耶泽罗撞击坑上）。这一全新的探测器完全依靠基于相机的系统以实现探测器的导航。如图 10.3 所示，火星探测器配有 23 个不同的相机以实现自动驾驶，包括了 6 个用于感知的 Hazcams 和一对用于定位的 Navcams。

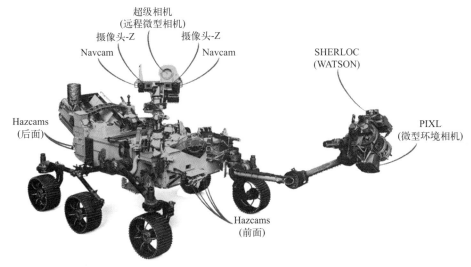

图 10.3　火星 2020 探测器

　　火星 2020 探测器后方配备了一对 Hazcams，前方则配备了两对 Hazcams，主要用于监测周边环境。Hazcams 能够拍摄周边环境的立体图像，并对周边地形的可通过性进行评估，该设备具有 120° 的广阔视野。Navcams 则被安装在桅杆顶部，视野角度为 45°，同样拍摄周边环境的立体图像，但主要负责对环境进行宏观层面上的观察。与之前的好奇号探测器相比，火星 2020 探测器在图像处理能力方面有了很大的提升，特别是立体图像和视觉里程计的计算速度都得到了提高，因此，探测器能够更快地在火星上行驶，其行驶速度大约 152mi/h，远远超过了以前的探测器。这些技术的提升使得火星 2020 探测器在火星上的操作更加灵活高效，探测范围也得到了扩大，可以更全面地了解火星的地貌和环境。

10.4　挑战：机载计算能力

　　NASA 已经在多个太空探索任务中实现了探测器的自动导航能力。正如"Two years of visual odometry on the mars exploration rovers"[7] 一文中详细描述的那样，自动导航系统不仅提高了探测器行驶至目标地点的效率，而且还有助于保证车辆的安全。探测器需要对多个传感器的输入进行实时的评估（对于周边环境地形的评估），而这些行为对处理器的计算能力提出很高的要求，因此探测器的自动驾驶能力的性能很大程度上受制于其机载处理器的计算能力。

　　例如，机遇号漫游车配备了 IBM RAD6000，这是一块基于 IBM RISC 单芯片 CPU 的防辐射单板计算机[7]。在设计时，考虑到系统实际的可靠性，机遇号漫游车的那块 RAD6000 是在 FPGA 上实现的，其运行频率只有 20MHz，可以提供超过 22MIPS 的算力（million instructions per second，每秒百万条指令，是衡量 CPU 速度的一个指标）。相比之下，英特尔的商用酷睿

i7 在 2.7GHz 的频率下可以轻松提供 50000MIPS 的算力。

不幸的是，商用中央处理器和图形处理单元的强大计算能力在太空探索任务中无法应用，因为它们缺乏防辐射处理，无法在太空或其他星球表面的恶劣环境下正常运行。不过，一些 FPGA 制造商已经研发出了经过防辐射处理且适用于太空环境的 FPGA 基片，这些基片可以用来优化探测器自动驾驶的工作负载，未来商业化的太空探索任务将会受益于这些技术。

然而，目前机载芯片的计算能力仍然是限制自动驾驶能力的主要瓶颈。例如，机遇号漫游车只能使用低分辨率、低吞吐量的相机进行定位，每次更新位置都需要花费大量时间，更新一次位置需要大约 3min。相比之下，自动驾驶汽车可以实现 30 次每秒位置的更新，这导致了漫游车的自动驾驶速度低于 0.1mi/h。为了提高机载计算能力并进一步优化探测器自动驾驶的性能，需要采用更为先进的计算技术和硬件。更糟糕的是，我们需要火星地面实况的数据来实现机遇号漫游车长距离的自动驾驶，但是机遇号因其计算能力的限制却无法获得这些数据，因此这极大地限制了漫游车的行驶距离。

为了获取机遇号所需的地面实况数据，漫游车需要在火星表面收集大量周边环境的图像来进行表面地图重建或进行地图优化。然而，这一步骤需要消耗大量的计算资源。例如，在文献 "π-BA bundle adjustment acceleration on embedded FPGAs with co-observation optimization" [8] 中描述，漫游车通过 SFM 算法来构建周边环境地面实况数据。然而，现有的机载芯片无法承担 SFM 算法的计算开销。为了更清楚地了解 SFM 算法对计算能力的具体消耗，我们可以举一个例子：使用 SFM 算法来通过 150000 张图像重建罗马城市的地形外观，需要一个包含 500 个节点的集群运行 24h[9]。

如图 10.4 所示，机遇号漫游车通过以下方式来生成周边地形的地图。首先，漫游车会行驶一段很短的距离（例如几米）并收集周边环境的图像，然后其会将收集到的图像发送回地球以对图像进行处理（构建周边环境地形实况数据）并等待重建的表面地图被传送回来，最后，漫游车根据接收到的地表地图采取下一步行动。

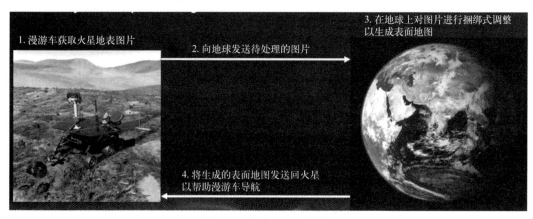

图 10.4　生成火星表面地图

上述的方法构建地图十分低效，因为地球与火星之间的通信存在高达 20min 的延迟，这个延迟还会受到各个行星轨道排列的影响。此外，由于火星周围存在的航天器数量有限，所以一天（火星日）只有两次通信机会。

针对这些问题，我们相信为新的太空探索机器人开发更优秀的计算系统是解决方案之一。因此，当前的紧急任务是在抗辐射的 FPGA 系统上实现和优化现有的自动导航算法。Xilinx Virtex-5QV 系列产品是抗辐射 FPGA 系统的一个很好的例子。

文章"π-BA bundle adjustment acceleration on embedded FPGAs with co-observation optimization" [8] 中引入了一个加速自动导航算法的例子。在重建三维地表地图的过程中，捆绑式调整（BA）是计算能力要求最高的步骤之一。该文作者在一个嵌入式 FPGA 中开发了一个 BA 加速器引擎。实验结果表明，与单纯的 ARM 处理器相比，这个设计的性能要好 50 倍，同时功耗相似。随着我们对基于抗辐射 FPGA 系统的自动导航的不断优化和发展，我们希望能够为以后的太空探索机器人提供更多和更好的自动导航方案。

目前，智能太空探索机器人仍处于起步阶段，需要解决许多问题。然而，随着这些领域的不断开发和探索，我们可以提升智能探索机器人的探索效率。智能太空探索机器人的发展也开辟了许多新兴领域，包括商业用途，例如开采其他星球的矿产资源。最终，我们希望在不久的将来，能够使用商业化的智能太空探索机器人来建造火星上的基础设施，实现人类在火星上的定居。

本章中，我们介绍了火星的恶劣环境，并讨论了各种技术，这些技术能够帮助商业化的智能太空探索机器人发挥对应作用。其中，机载芯片的计算能力是制约智能太空探索机器人发展的一个主要原因。如果我们拥有足够计算力的机载芯片，我们就可以极大地提升火星探索机器人的探索效率。让我们共同努力，为未来的太空探索时代创造更加智能的机器人。

参考文献

[1] Maimone M, Biesiadecki J, Tunstel E, et al (2016). Surface navigation and mobility intelligence on the Mars exploration explorers. In: Proceedings of Intelligence for Space Robotics, 45-69. TSI Press.

[2] European Space Agency (2019). Comparing the atmospheres of Mars and Earth. http:// exploration.esa.int/mars/60153-comparing-the-atmospheres-of-mars-and-earth (accessed 1 May 2019).

[3] Phoenix Mars Mission (2019). Mars/Earth Comparison Table. http://phoenix.lpl.arizona. edu/mars111.php (accessed 1 May 2019).

[4] Li R, Di K, Matthies L II, et al (2004). Explorer localization and landing-site mapping technology for the 2003 Mars exploration explorer mission. Photogrammetric Engineering & Remote Sensing 70 (1): 77-90.

[5] Roumeliotis I S, Bekey A. 3-D localization for a Mars explorer prototype. In: Artificial Intelligence, Robotics and Automation in Space, vol. 440, 441. European Space Agency.

[6] Mars Exploration Program (2011). MARS Curiosity Rover. https://mars.jpl.nasa.gov/msl/ mission/rover (accessed 1 October 2019).

[7] Maimone M, Cheng Y, Matthies L (2007). Two years of visual odometry on the mars exploration rovers. Journal of Field Robotics 24 (3): 169-186.

[8] Qin S, Liu Q, Yu B, et al (2019). π-BA bundle adjustment acceleration on embedded FPGAs with co-observation optimization. In: 2019 IEEE 27th Annual International Symposium on Field-Programmable Custom Computing, 100-108. IEEE.

[9] Agarwal S, Furukawa Y, Snavely N, et al. Building Rome in a day. Communications of the ACM 54 (10): 105-112.

11

自动驾驶车辆的边缘计算

11.1　简介

正如第 10 章所指出的，由于需要实时对多个传感器的输入进行评估，机载传感器的自主性往往会受到计算系统性能的制约。这个问题不仅仅出现在火星上的空间探索机器人中，同样也发生在地球上的自动驾驶车辆上。

例如，如果一辆自动驾驶汽车以 60mi/h 的速度行驶，其制动距离大约是 30m，这就要求自动驾驶系统在潜在危险发生前的几秒就能预测到它们。因此，自动驾驶车辆边缘计算系统的算力越强，计算这些复杂情况就越快，车辆自然也就越安全。

简而言之，自动驾驶车辆边缘计算系统设计的目标是：在有限的能源预算内，保证用户安全的情况下，实时有效地处理大量的数据。

在接下来的几章中，我们将会介绍目前构建自动驾驶车辆边缘计算系统的先进方法。在本章中，我们将重点介绍车载计算系统；在第 12 章中，我们将介绍车用无线通信技术（vehicle to everything，V2X）如何减轻车载计算系统的压力；在第 13 章中，我们将介绍自动驾驶车辆边缘计算系统的安全问题。

在本章中，我们回顾了自动驾驶应用的边缘计算系统的最新设计过程。首先，我们在开头部分介绍了可用于评估边缘计算系统设计的基准套件。其次，我们回顾了应用于自动驾驶工作场景（workloads）下的计算系统架构的设计方法。接下来，描述了运行时层的设计，以有效地将传入的工作场景（workloads）映射到异构计算单元上。随后，我们介绍了自动驾驶不同功能模块所绑定的中间件的设计。最后，介绍了几种目前已经实现的自动驾驶边缘计算系统。

11.2 基准（Benchmarks）

为了提高计算系统的性能，往往会采用一个基准测试套件来评价目标应用程序在大部分工作场景（workloads）下的性能。同样的方法也适用于设计和改进自动驾驶车辆的边缘计算系统。

目前该领域的研究可以分为两类：数据集和工作场景 (workloads)。KITTI 是第一个与自动驾驶相关的基准数据集[1]。它由丰富的带标签的视觉数据组成，如单眼 / 立体图像数据和激光雷达（LiDAR）数据。它还提供了一种专门的方法，根据不同的数据类型，生成地面实况和计算评价指标。KITTI 是为评估自动驾驶场景下的算法性能而建立的，包括但不限于视觉测距、车道检测、目标检测和目标跟踪。

除 KITTI 外，每个算法都有一些定制的基准数据集，例如用于 RGB-D 即时定位与地图构建（SLAM）算法的 TUM RGB-D[2]，用于 3D 目标检测算法的 PASCAL3D[3]，以及用于多目标跟踪算法的 MOTChallenge[4]。这些数据集都有助于提高边缘计算系统的性能。

另一类的基准测试套件用于对新型硬件架构和软件框架的性能进行测试，它们通常由一组计算机视觉内核和应用程序组成。例如，圣地亚哥视觉基准套件（SD-VBS）[5] 和 MEVBench[6] 都是用于移动计算机视觉系统性能测试的基准套件。SD-VBS 提供了运用 C 和 MATLAB 实现 9 个高级视觉应用的单线程。MEVBench 是基于 SD-VBS 的扩展程序，它提供了 15 个视觉应用的单线程和多线程的 C++ 实现方式。然而，这两个基准的创建早于自动驾驶领域，因此它们不适用于图形处理单元（GPUs）等异构平台，也不包含深度学习算法等新颖的工作负载。

SLAMBench[7] 使用一个完整的 RGB-D SLAM 应用程序来评估新的异构硬件。它的实现基于 KinectFusion[8]，并且为异构硬件提供了 C++、OpenMP、OpenCL 和 CUDA 版本的关键核函数。这些基准对于自动驾驶的边缘计算系统有一定的作用，但是还远远不够。我们需要的是一个包含了自动驾驶车辆各种应用场景下不同场景的全面基准（例如用于微型飞行器系统测试的 MAVBench[9]），自动驾驶系统也需要一个类似的基准来评价各项工作的性能。

CAVBench 是目前最新发布的一个基准测试套件，主要用于评估无人驾驶汽车（CAVs）计算系统的性能[10]。它总结了 CAVs 的四个应用场景（自动驾驶、实时诊断、车载信息娱乐和第三方应用），并选择了 6 个经典的、多样化的车载应用作为评估的工作场景（workloads）（SLAM、目标检测、目标跟踪、电池诊断、语音识别和边缘影像分析）。

CAVBench 将四个应用场景的数据集输入 6 种工作场景（workloads）下，然后输出两个评价指标。第一个是对应用程序的评价指标，其中包含每个应用程序的执行时间明细，以帮助开发人员找到程序方面的性能瓶颈。另一个是对系统的评价指标，称为服务资源利用质量曲线（QoS-RU curve），可以看作是计算平台的性能量化指标，帮助研究人员和开发人员优化车载应用和 CAVs 计算架构。CAVBench 的发布为自动驾驶边缘计算系统的发展提供了一个良好的开端，希望未来能够研发出更多自动驾驶领域的基准测试套件。

自动驾驶是一个快速发展的领域，我们希望能够采集尽可能多的数据来涵盖复杂的自动驾驶应用场景。此外，目前还缺少标准化的评分方法，以根据不同的优化指标对不同的边缘计算系统进行排名。

11.3 计算系统架构

一旦有了标准的基准套件，我们就可以开始针对自动驾驶的工作场景（workloads）开发合适的计算系统架构。Liu 等提出了一个利用混合异构硬件设计的自动驾驶计算系统架构[11]。该架构将自动驾驶的应用分为三个阶段：感知、预测和决策。作者通过比较不同的硬件在完成自动驾驶任务时的性能，得出了以下结论：定位和感知模块是自主驾驶计算系统的瓶颈。并且，他们还确定了不同工作负载下所需求的硬件加速器。此外，作者提出并开发了一种模块化、安全、动态、高性能、节能的计算系统架构，此架构充分利用了中央处理器（CPU）、图形处理单元（GPU）和数字信号处理器（DSP）等异构计算组件。实验显示，在 5mi/h 的车速下，其系统在 ARM 移动芯片系统（SoC）上平均功耗为 11W。作者表示，如果能有足够的计算资源，该系统将能处理更多的数据，并最终满足量产级自动驾驶系统的需求。

Lin 等探索了自动驾驶系统架构的性能限制与提升方式[12]。作者提出并详细阐述了自动驾驶系统在性能、可预测性、存储、热能和功率方面的设计约束。基于这些设计约束，作者开发了一种基于机器学习算法的端到端自动驾驶系统，通过对该系统的实验，作者确定了计算系统的三个瓶颈：定位、物体检测和物体跟踪。为了设计一个能够满足所有设计约束的系统，作者用三种不同的加速器平台来加速这三个计算瓶颈。实验证明，GPU、现场可编程门阵列（FPGA）和 ASIC 加速系统能有效地减少这些算法的尾部延时。尽管像 GPU 这样的加速平台可以有效地降低计算的延迟，但它们的功耗往往较高，需要更强的散热系统，系统整体的工作负荷增大，导致车辆的行驶里程和燃油效率下降。最后，作者指出，计算能力是阻碍获得更精确感知信息的瓶颈，从而影响了系统的精度。因此，平衡好自主驾驶系统的性能、功率和可扩展性之间的关系，是系统设计的关键。

有趣的是，上述作者经过架构设计的开创性探索后，都认为算力的瓶颈在定位和感知，并指出异构计算是目前可行的加速方式。对于定位的加速，Tang 等人提出了一个用于 SLAM 的异构架构[13]。作者首先深入研究了现有异构 SoC 上视觉惯性 SLAM 的性能和能耗。研究结果表明，现有的 SoC 没有针对 SLAM 应用进行优化，在 IO 接口、内存子系统以及计算加速方面存在优化的空间。基于这些，作者提出了一种针对视觉惯性 SLAM 应用优化的异构 SoC 架构。该架构并不是简单地添加一个加速器，而是系统地集成了直接 IO、特征缓冲区和特征提取加速器。作者在 Xilinx Zynq UltraScale MPSoC 上运用该架构进行测试，数据显示，此架构能以低于 5W 的平均功率提供超过 60 帧 /s 的性能。实验结果证明了所提出的架构能够实现视觉惯性 SLAM 应用的性能和能耗优化。

Zhang 等也提出了一种解决定位算力问题的方法——视觉惯性里程表（VIO）系统的算法和硬件协同设计[14]。该方法中，机器人通过机载摄像头和惯性测量单元（IMU）（以及基于地标的地图）数据估计自我运动。作者认为，在不牺牲性能的前提下将 VIO 运用到小型平台中需要改变感知算法的设计模式，对此，作者提倡使用算法和硬件设计紧密耦合的协同设计方法。作者展开讨论了一组相关的设计选择如何影响 VIO 中的资源与性能的平衡。此外，为了证明协同设计方法的有效性，作者在专用硬件上实现了 VIO。实验数据显示，在保证精度和速度相同的情况下，所需的功耗明显小于桌面端。

除了学术研究外，PerceptIn 最近还发布了一个名为 DragonFly+ 的商业化 SLAM 系统[15]。DragonFly+ 是一个基于 FPGA 的实时定位模块，具有以下几个优势：①四个图像通道以及 IMU

之间的硬件同步；②直接的 IO 架构，减少片外内存通信；③一个完全的流水线架构来加速图像的前端处理。此外，还采用了并行和多路复用处理技术，以实现带宽和硬件资源消耗之间的良好平衡。数据显示，DragonFly+ 在处理四路 720 像素图像时，能够达到 42 帧 /s 的性能，而功耗仅为 2.3W。相比之下，Nvidia Jetson TX1 GPU SoC 在 7W 的功耗下达到了 9 帧 /s 的性能，Intel Core i7 在 80W 的功耗下达到了 15 帧 /s 的性能。可以发现，与 Nvidia TX1 相比，DragonFly+ 的功耗效率提高了 3 倍，计算能力提高了 5 倍；与 Intel Core i7 相比，功耗效率提高了 34 倍，计算能力提高了 3 倍。

在感知方面，目前的研究大多集中在深度卷积神经网络（CNNs）的加速上。为了提升 CNN 加速的效率和灵活性，以使其支持各种不同的应用，Liu 等提出了一种用于神经网络加速的新型特定领域指令集架构（ISA）[16]。该 ISA 是一个在综合分析了现有神经网络加速技术的基础上，集成了标量、矢量、矩阵、逻辑、数据传输和控制指令的负载存储架构。实验结果表明，作者所提出的 ISA 在广泛的神经网络加速技术上具有很强的描述能力，并提供了比通用 ISA（如 x86、MIPS 和 GPGPU）更高的代码密度。

Chen 等意识到数据移动是 CNN 计算瓶颈的关键，因此提出了一种数据流，以最小化空间架构上数据移动的能耗[17]。该方法实现的关键是在高维卷积中重复使用过滤器权重和特征图像素的局部数据，或是运用激活函数，并最小化部分累加和的数据移动。因此该数据流能够适应不同的 CNN 形状配置，通过最大限度地利用处理引擎（PE）的本地存储、空间并行性和 PE 间直接通信来减少所有类型的数据移动。为了验证该数据流的有效性，作者将该数据流配置到 AlexNet 的 CNN 中。实验表明，对于卷积层和完全连通层，该数据流比其他数据流具有更高的能量效率。

在不久的将来，随着自动驾驶使用场景以及相关工作场景（workloads）的增加，我们希望看到更多针对这些工作场景（workloads）的加速方案。同时，我们也期望看到更多在缓存、内存和存储架构上的探索性研究。此外，自主驾驶的硬件安全性也同样至关重要。预计在十年内，学术界和工业界能够针对自动驾驶的工作场景（workloads）提出一种"通用"的架构设计。

11.4 运行时层（Runtime）

有了自动驾驶的计算系统架构之后，接下来需要考虑的是如何设计运行时层，才能高效地分配任务，以实现最佳的性能和资源利用率。自动驾驶系统运行时层是一个具有巨大潜力的全新研究领域，目前的运行时层大多侧重于将一种算法映射到一种类型的加速器上，或者侧重于用一个加速器对同类或异构系统进行调度。

一些现有的设计方案专注于将深度学习或计算机视觉的工作负载（workloads）映射到异构架构上。例如，Hegde 等提出了一个框架[18]，可以轻松地将 CNN 规范应用到诸如 FPGA、DSP、图形处理器和多核精简指令集计算机（RISC）之类的加速器上。Malik 等则比较了计算机视觉算法在 FPGA 和 GPU 加速器上的性能和能效[19]。

目前有许多研究探索了如何在 GPU 或 FPGA 等嵌入式平台上优化深度学习[20,21]或计算机视觉算法。例如，Honegger 等提出了基于 FPGA 的嵌入式计算机视觉加速技术[22]。Satria 等在基于 GPU 的嵌入式平台上进行了人脸检测的优化，并提供了性能报告[23]。Vasilyev 等评估了可编程结构上的计算机视觉算法[24]。Nardi 等提出了一套基准套件，从精度、性能和能耗方面评估了桌面和嵌入式平台上的密集 SLAM 算法[25]。然而，这些设计只是侧重于将一个算法应用到不同的加速器上，并没有考虑如何将各种工作任务（workloads）集成到一个系统中。

目前，在单 ISA 多处理器架构中，通常会使用一个加速器来完成调度，受此启发，许多设计方案使用一个加速器来完成异构系统架构的调度，如大小核的非对称多核体系结构，以及 CPU + GPU 的多 ISA 多处理器架构。在单 ISA 多处理器中，为了在运行时将工作分配到最合适的内核类型上，人们在操作系统层面做了许多的工作。Koufaty 等指出，内核停滞期是预测最匹配的内核类型的一个合适指标[26]。基于该指标，在操作系统中加入偏置调度策略，能够提高系统的吞吐量。Saez 等提出了一种调度器，它在操作系统中添加了性能特化和 TLP（线程级并行性）特化，以便同时优化吞吐量和系统功耗[27]。

性能特化（efficient specialization）将 CPU 密集型的工作分配给高速内核，将内存密集型的工作分配给低速内核。TLP 特化在程序的串行阶段使用高速内核，在并行阶段使用低速内核，以此来提高能源效率。在非对称多核架构方面，Jiménez 等 [28] 提出了一种类似 GPU 系统的 CPU 用户级调度器，它在初始阶段评估并记录应用程序在每个 PE 上的性能，然后根据这些信息将应用程序分配给最合适的 PE。Luk 等专注于改善单个进程的延迟和能量消耗[29]，通过动态编译来提升性能，以确定最佳的任务分配，并为 CPU 和 GPU 生成代码。

Liu 等最近提出了一个与现有的运行层不同的设计方案——PIRT（PerceptIn Runtime），这是第一个能够动态地将各种计算机视觉和深度学习工作负载（workloads）映射到多个加速器和云平台的运行时层架构[30]。作者首先对异构 SoC 架构上新兴的机器人应用进行了全面研究，并基于研究结果，设计出了 PIRT。此方案不仅利用了片上异构计算资源，还利用了云技术，以实现高性能和高能效。为了验证方案的有效性，作者将 PIRT 部署在一个生产型移动机器人上，测试了机器人所有的工作场景，主要包括自主导航、障碍物检测、路径规划、全局地图生成和场景理解等。实验结果显示，上述所有的工作任务能够在 11W 的功耗下同时并且高效执行。

运行时层连接了自动驾驶的软件和硬件，在未来，自动驾驶运行时层的设计将变得更加困难。首先，随着计算系统的异构性越来越强，为了动态地分配传入的工作任务，运行时层的设计将变得更加复杂。其次，随着更多边缘云的出现，运行时层需要具备云感知能力，并能够将工作任务分发到边缘云。最后，运行时层应提供良好的抽象（abstraction）来隐藏所有的底层次实现。

11.5 中间件

机器人系统之中多个模块之间往往存在各种依赖关系，自动驾驶系统也是如此。中间件简化了软件设计，解决了系统中不同传感器之间底层通信的问题，实现各个系统模块之间的交互。

Miro 应用于早期的机器人中间件，是一个基于公共对象请求代理架构 (COBRA) 技术的面向移动机器人控制的分布式框架[31]。Miro 的核心组件开发基于一个面向对象的多平台框架——ACE 自适配通信环境（adaptive communications environment），该框架实现了操作系统以外的进程间通信、网络通信和实时通信。Miro 提供了诸如本地化或行为引擎之类的通用抽象服务，支持 Pioneers、B21、足球机器人和各种机器人传感器等不同的机器人平台。

ORCA 是一个开源软件框架，用于开发基于组件的机器人系统，它提供了许多可用于构建移动机器人系统的免费的可复用组件[32]。以下是 ORCA 框架开发的目的：通过定义一组常用接口来实现软件的复用；通过为库提供方便的应用程序接口来简化软件复用；通过维护组件库来鼓励软件的复用。

Urbi 是一个开源的跨平台软件，主要用于开发机器人和复杂系统的应用程序[33]。Urbi 基于 UObject 分布式 C ++ 组件架构，其中包含了一种并行和事件驱动脚本语言——urbiscript。UObject 组件可以作为本机对象插入 urbiscript 中，以指定它们的交互和数据交换。UObjects 可以链接到 urbiscript 解释器，或者在另一个线程、另一个进程、本地网络上的另一台机器或是远程网络上的另一台机器中，以"远程"模式作为自主进程执行。

Runtime（RT）中间件是基于分布式对象技术的机器人平台通用标准[34]。RT 中间件可以通过集成各种具有网络功能的机器人组件（RT- 组件）来支持各种网络机器人系统的构建。在 RT 中间件中，执行器等机器人组件被视为 RT 组件，整个机器人系统由这些 RT 组件连接组成。这种分布式架构有助于开发人员复用机器人组件，并提高机器人系统的可靠性。

OpenRDK 是一个用于开发松散耦合模块的机器人开源软件框架[35]。它实现了透明的并发管理，通过套接字管理进程间的通信，通过共享内存管理进程内的通信，并且还提供了连接到模拟器和通用机器人驱动程序的模块。

上述中间件大多作为移动机器人的软件管理框架，并没有被应用于自动驾驶车辆。除了上述中间件之外，机器人操作系统（ROS）由于开发人员的普及性和软件库的丰富性，被广泛应用于自动驾驶车辆的开发中[36]。然而，如 11.2 节所述，ROS 在性能、可靠性和安全性方面存在不足，因此它并不适合作为产品化的自动驾驶解决方案。

中间件实现了自动驾驶系统中不同模块的通信。中间件应当符合以下几点要求：

第一，中间件应当将计算开销和内存占用降到最低，具备可扩展性。

第二，由于一些自动驾驶任务可能停留在边缘云中，因此中间件需要能够实现客户端和云平台之间的通信。

第三，也是最重要的一点，中间件应当是安全可靠的，以保证服务质量和自动驾驶车辆的安全。

层级	作用	解决方案	研究方向
架构	硬件层——执行自动驾驶工作负载的硬件计算单元	[11]～[17]	自动驾驶工作负载的加速器；Cache 和存储器结构设计；关键数据的非易失存储；硬件安全
运行时层（Runtime）	软件层——在程序运行时将传入的任务分派给不同的计算单元	[18]～[30]	高度异构计算系统的调度员和调度程序；抽象化；云感知
中间件	软件层——实现自动驾驶各服务之间的复杂交互	[31]～[36]	低开销和低内存占用；边云协同；安全性和可靠性
基准	评估边缘计算系统的工具	[1]～[10]	更多的动态工作负载和数据，以覆盖更多的使用场景；对边缘计算系统进行排名的标准化的评分方法

11.6 案例研究

为了在嵌入式系统上同时实现定位、感知和语音识别等多种自动驾驶服务，Tang 等设计并实现了一个完整的自动机器人和车辆边缘计算框架 π-Edge[37]。设计这样一个系统需要考虑以下问题：如何以最小的开销管理不同的自动驾驶服务及其通信；如何充分利用边缘设备上的异构计算资源，并将一些任务卸载到云端以提高能源效率。基于上述问题，作者首先开发了一个运行时层，以充分利用低功耗边缘计算系统的异构计算资源；随后，开发了一个极其轻量级的中间件来管理多个自动驾驶服务及其通信；最后，开发了一个边缘-云协调器，将任务动态卸载到云端，以优化客户端系统能耗。

另外还有一个名为 OpenVDAP 的全栈边缘计算系统，其中包括了一个车辆计算单元，一个具备隔离性、安全性和隐私保护性的车辆操作系统，一个边缘感知的应用库，以及任务卸载和调度策略[38]。OpenVDAP 允许 CAVs 动态地检查每个任务的状态，计算最低开销和最优的调度方法，从而使每个服务可以在低开销的情况下近乎实时地完成。此外，OpenVDAP 还提供了一个免费、开放的边缘感知库，其中包含了基于边缘计算的车辆应用程序的部署方式和访问接口，以及各种常用的人工智能模型，从而使研究人员和开发人员能够在实际环境中部署、测试和验证其应用程序。

参考文献

[1] Geiger A, Lenz P, Urtasun R (2012). Are we ready for autonomous driving? The KITTI vision benchmark suite. In: 2012 IEEE Conference on Computer Vision and Pattern Recognition (CVPR), 3354-3361. IEEE.

[2] Sturm J, Engelhard N, Endres F, et al (2012). A benchmark for the evaluation of RGB-D SLAM systems. In: 2012 IEEE/RSJ International Conference on Intelligent Robots and Systems (IROS), 573-580. IEEE.

[3] Xiang Y, Mottaghi R, Savarese S (2014). Beyond PASCAL: a benchmark for 3D object detection in the wild. In: 2014 IEEE Winter Conference on Applications of Computer Vision (WACV), 75-82. IEEE.

[4] Leal-Taixé L, Milan A, Reid I, et al (2015). MOTChallenge 2015: Towards a benchmark for multi-target tracking. arXiv preprint arXiv:1504.01942.

[5] Venkata S K, Ahn I, Jeon D, et al (2009). SD-VBS: the San Diego vision benchmark suite. In: 2009 IEEE International Symposium on Workload Characterization (IISWC), 55-64. IEEE.

[6] Clemons J, Zhu H, Savarese S, et al (2011). MEVBench: a mobile computer vision benchmarking suite. In: 2011 IEEE International Symposium on Workload Characterization (IISWC), 91-102. IEEE.

[7] Nardi L, Bodin B, Zeeshan Zia M, et al (2015). Introducing SLAMBench, a performance and accuracy benchmarking methodology for SLAM. In: 2015 IEEE International Conference on Robotics and Automation (ICRA), 5783-5790. IEEE.

[8] Newcombe R A, Izadi S, Hilliges O, et al (2011). KinectFusion: real-time dense surface mapping and tracking. In: 2011 10th IEEE International Symposium on Mixed and Augmented Reality (ISMAR), 127-136. IEEE.

[9] Boroujerdian B, Genc H, Krishnan S, et al (2018). MAVBench: micro aerial vehicle benchmarking. In: 2018 51st Annual IEEE/ACM International Symposium on Microarchitecture (MICRO), 894-907. IEEE.

[10] Wang Y, Liu S, Xiaopei W, et al (2018). CAVBench: a benchmark suite for connected and autonomous vehicles. In: 2018 IEEE/ACM Symposium on Edge Computing (SEC), 30-42. IEEE.

[11] Liu S, Tang J, Zhang Z, et al (2017). Computer architectures for autonomous driving. Computer 50 (8): 18-25.

[12] Lin S C, Zhang Y, Hsu C H, et al (2018). The architectural implications of autonomous driving: constraints and acceleration. In: Proceedings of the Twenty-Third International Conference on Architectural Support for Programming Languages and Operating Systems, 751-766. ACM.

[13] Tang J, Yu B, Liu S, et al (2018). π-SoC: heterogeneous SoC architecture for visual inertial SLAM applications. In: 2018 IEEE/RSJ International Conference on Intelligent Robots and Systems (IROS), 1-6. IEEE.

[14] Zhang Z, Suleiman A A Z, Carlone L, et al (2017). Visual-inertial odometry on chip: An algorithm-and-hardware co-design approach. Robotics: Science and Systems, Cambridge, MA.

[15] Fang W, Zhang Y, Bo Y, et al (2018). DragonFly+: FPGA-based quad-camera visual SLAM system for autonomous vehicles. In: 2018 IEEE HotChips, 1. IEEE.

[16] Liu S, Zidong D, Tao J, et al (2016). Cambricon: an instruction set architecture for neural networks. In: ACM SIGARCH Computer Architecture News, vol. 44, 393-405. IEEE Press.

[17] Chen Y H, Emer J, Sze V (2016). Eyeriss: a spatial architecture for energy-efficient dataflow for convolutional neural networks. In: ACM SIGARCH Computer Architecture News, vol. 44, 367-379. IEEE Press.

[18] Hegde G, Ramasamy N, Kapre N, et al (2016). CaffePresso: an optimized library for deep learning on embedded accelerator-based platforms. In: Proceedings of the International Conference on Compilers, Architectures and Synthesis for Embedded Systems (CASES), 14. ACM.

[19] Malik M, Farahmand F, Otto P, et al (2016). Architecture exploration for energy-efficient embedded vision applications: from general purpose processor to domain specific accelerator. In: 2016 IEEE Computer Society Annual Symposium on VLSI (ISVLSI), 559-564. IEEE.

[20] Cavigelli L, Magno M, Benini L (2015). Accelerating real-time embedded scene labeling with convolutional networks. In: 2015 52nd ACM/EDAC/IEEE Design Automation Conference, 108. ACM.

[21] Qiu J, Wang J, Yao S, et al (2016). Going deeper with embedded FPGA platform for convolutional neural network. In: ACM International Symposium on FPGA, 26-35. ACM.

[22] Honegger D, Oleynikova H, Pollefeys M (2014). Real-time and low latency embedded computer vision hardware based on a combination of FPGA and mobile CPU. In: 2014 IEEE/RSJ International Conference on Intelligent Robots and Systems, 4930-4935. IEEE.

[23] Satria M T, Gurumani S T, Zheng W, et al (2016). Real-time system-level implementation of a telepresence robot using an embedded GPU platform. In: 2016 Design, Automation & Test in Europe Conference & Exhibition (DATE), 1445-1448. IEEE.

[24] Vasilyev A, Bhagdikar N, Pedram A, et al (2016). Evaluating programmable architectures for imaging and vision applications. In: 2016 49th Annual IEEE/ACM International Sysmposium on Microarchitecture (MICRO), 38-49. ACM.

[25] Nardi L, Bodin B, Zia M Z, et al (2015). Introducing SLAMBench, a performance and accuracy benchmarking methodology for SLAM. In: IEEE International Conference on Robotics and Automation (ICRA), 5783-5790. IEEE.

[26] Koufaty D, Reddy D, Hahn S (2010). Bias scheduling in heterogeneous multi-core architectures. In: Proceedings of the 5th European Conference on Computer Systems, 125-138. ACM.

[27] Saez J C, Prieto M, Fedorova A, et al (2010). A comprehensive scheduler for asymmetric multicore systems. In: Proceedings of the 5th European Conference on Computer Systems, 139-152. ACM.

[28] Jiménez V J, Vilanova L, Gelado I, et al (2009). Predictive runtime code scheduling for heterogeneous architectures. In: High Performance Embedded Architectures and Compilers. HiPEAC 2009, 19-33. Springer.

[29] Luk C K, Hong S, Kim H (2009). Qilin: exploiting parallelism on heterogeneous multiprocessors with adaptive mapping. In: Proceedings of the 42nd Annual IEEE/ACM International Symposium on Microarchitecture, 45-55. ACM.

[30] Liu L, Liu S, Zhang Z, et al (2018). PIRT: A runtime framework to enable energy-efficient real-time robotic applications on heterogeneous architectures. arXiv preprint arXiv:1802.08359.

[31] Utz H, Sablatnog S, Enderle S, et al (2002). Miro-middleware for mobile robot applications. IEEE Transactions on Robotics and Automation 18 (4): 493-497.

[32] Brooks A, Kaupp T, Makarenko A, et al (2005). Towards component-based robotics. In: 2005 IEEE/RSJ International Conference on Intelligent Robots and Systems (IROS), 163-168. IEEE.

[33] Baillie J C (2005). URBI: towards a universal robotic low-level programming language. In: 2005 IEEE/RSJ International Conference on Intelligent Robots and Systems (IROS), 820-825. IEEE.

[34] Ando N, Suehiro T, Kitagaki K, et al (2005). RT-middleware: distributed component middleware for RT (robot technology). In: 2005 IEEE/RSJ International Conference on Intelligent Robots and Systems (IROS), 3933-3938. IEEE.

[35] Calisi D, Censi A, Iocchi L, et al (2008). Open-RDK: a modular framework for robotic software development. In: 2008 IEEE/RSJ International Conference on Intelligent Robots and Systems (IROS), 1872-1877. IEEE.

[36] Quigley M, Conley K, Gerkey B, et al (2009). ROS: an open-source robot operating system. In: ICRA Workshop on Open Source Software, vol. 3, 5. IEEE.

[37] Tang J, Liu S, Yu B, et al (2018). Pi-edge: A low-power edge computing system for real-time autonomous driving services. arXiv preprint arXiv:1901.04978.

[38] Zhang Q, Wang Y, Zhang X, et al (2018). OpenVDAP: an open vehicular data analytics platform for CAVs. In: 2018 IEEE 38th International Conference on Distributed Computing Systems (ICDCS), 1310-1320. IEEE.

12

Vehicle-to-Everything 基础设施的创新

12.1 简介

Vehicle-to-Everything（V2X）技术是减轻自动驾驶边缘计算系统压力的有效方法之一。相比边缘计算系统更注重计算的方面，V2X 技术更注重通信基础设施，它的目标是让 V2X 基础设施承担更多的实际计算负载。V2X 是一个包含多种通信方式的车辆通信系统，其中包括车辆之间的通信（vehicle-to-vehicle, V2V）、车辆与网络之间的通信（vehicle-to-network, V2N）、车辆与行人之间的通信（vehicle-to-pedestrian, V2P）、车辆与设备之间的通信（vehicle-to-infrastructure, V2I）以及车辆与电网之间的通信（vehicle-to-grid, V2G）。目前的研究主要集中于 V2V 和 V2I 这两个方面。

传统的自动驾驶系统一般需要使用昂贵的传感器和车载芯片进行边缘计算，而 V2X 采取不同的方法，更加关注道路基础设施的开发，从而降低车辆计算和传感器成本。越来越多的自动驾驶应用开始采用 V2V 通信方式来获得快速的边缘计算效果，协同自动驾驶技术是最具代表性的例子之一。通过将自动驾驶边缘计算系统与 V2X 技术相结合，我们可以构建出一个更加安全、高效的自动驾驶系统[1]。然而，如何将 V2X 技术与自动驾驶系统结合到一起仍是一个有待深入研究的问题。

本章将讨论 V2X 技术的发展历史，并介绍在自动驾驶领域中成功应用的几个案例，包括列队行驶、协同变道、交叉路口协同管理和协同感应。

12.2 V2X 技术的发展历史

正如表 12.1 所总结的那样，在 V2X 技术的发展过程中，许多研究人员对 V2X 通信协议的发展与优化做出了巨大贡献，并提出了许多解决方案。车辆间危险警报（inter-vehicle

表 12.1　自动驾驶 V2X 解决方案综述

研究项目	应用场景	解决方案	通信协议
IVHW	安全驾驶	1. 警告信息以广播信息的形式传播 2. 采取本地决策策略	工作频率在 869MHz 以内
FleetNet	安全驾驶，基于互联网协议的应用	1. 使用 ad-hoc 网络解决多辆车辆通信问题 2. 提出了一种基于位置的信息转发机制	IEEE 802.11 无线局域网
CarTALK 2000	协同驾驶等辅助驾驶应用	1. 使用 ad-hoc 网络来实现驾驶辅助应用 2. 提出一种基于空间感知的路由算法，考虑到道路拓扑结构等空间信息	IEEE 802.11 无线局域网
AKTIV	安全驾驶	使用无线局域网技术以满足安全应用领域对于延迟小于 500ms 的要求	蜂窝网络系统
WILLWARN	预警应用	1. 提出一种基于车内数据的风险检测方法，可以对障碍物、道路状况、低能见度和存在施工等危险区域进行预警 2. 通过 V2V 通信向靠近危险区域的车辆发送预警的分散式分布算法	IEEE 802.11 无线局域网
NoW	移动互联网应用	1. 开发一个面向网络层和应用层的混合转发方案 2. 谈论了一些安全性和可拓展性的问题	IEEE 802.11 无线局域网
SAFESPOT	安全驾驶	1. 是一个利用路边的基础设施来提升驾驶安全性的综合性项目 2. 检测车辆目前的危险状况并能够实时分享警告信息	IEEE 802.11 无线局域网
simTD	交通管理、安全及时和基于互联网的应用	1. 智能交通系统的真实环境部署 2. simTD 系统由 ITS 车辆站、ITS 路侧站和 ITS 中央站构成	IEEE 802.11p（专用短程通信）

hazard warning，IVHW）系统是最早研究的通过通信来提高车辆安全性能的车辆系统之一。该项目由德国教育与研究部和法国政府资助。IVHW 是一个车辆通信系统，其工作频率范围在 869MHz 以下，并且系统会将警报信息以广播信息的形式进行传输[2]。IVHW 采用的是本地决策策略。当车辆接收到系统发送的信息后，会先对该消息进行相关性检测以判断该警报信息是否与自身有关，并通过相关性来决定是否需要向驾驶员呈现该警报信息。它的研究重点是检查算法的优化。尽管 IVHW 在车辆安全性能方面起到了积极的作用，但由于其采用了广播机制，导致了通信资源和带宽的浪费。

　　与 IVHW 系统中使用的广播信息相比，ad-hoc 网络是解决多车辆通信问题的一个更好的方案[3]。在 ad-hoc 网络中，车辆之间可以直接进行通信，避免了信息的广播和资源的浪费。FleetNet 系统是基于 ad-hoc 网络来实现的，为车辆之间的通信提供了更加高效的解决方案[4]。此外，FleetNet 还提供了一个通信平台，支持一些基于互联网协议的应用。FleetNet 系统是基于 IEEE 802.11 无线局域网（WLAN）系统实现的[5]。在 V2V 通信中，如果两辆车之间不存在直接的无线连接，那么我们就需要其他车辆作为"桥梁"，代为转发信息。因此，需要设计合适的路由和转发协议。FleetNet 中提出了一种基于位置的信息转发机制，根据车辆的地理位置来选择下一条要转发的信息，从而提高信息转发的效率和准确性。

　　CarTALK 2000 是一个通过 ad-hoc 通信网络实现驾驶辅助应用（例如协同驾驶）的项目[6]。由于车辆网络拓扑结构的动态变化以及车辆数量的频繁变化，基于 ad-hoc 的 V2V 通信路由面临重大挑战[7]。为了解决这一问题，CarTALK 2000 提出了一种基于空间感知的路由算法。

该算法将空间信息，例如道路拓扑结构，作为额外输入考虑，以提高路由性能。

相较于 FleetNet 框架而言，CarTALK 2000 的路由算法增加了空间信息作为其额外输入，因此其性能有所提升。与 FleetNet 和 CarTALK 2000 类似，AKTIV 是另一个利用车辆间通信技术实现驾驶安全应用的项目[8]。不同之处在于，AKTIV 采用的是蜂窝网络系统进行通信，而不是 WLAN 技术。采用 WLAN 技术实现通信的原因之一是在车辆安全领域中，通信延迟需小于 500ms，而当时的 LTE 移动通信系统无法满足需求。但是，随着蜂窝网络系统的进一步发展和演进（例如 LTE），蜂窝网络将成为稀疏车辆联网的更好选择，取代 WLAN 技术。

与此同时，还有一些研究项目则更注重研究基于 V2V 通信的预警应用，无线局部危险预警（WILLWARN）项目提出了一种基于车载数据的风险检测方法。其警告对象信息包含了障碍物、道路状况、低能见度和周边存在施工现场等信息[9]。与其他专注于研究 V2X 技术本身的项目不同的是，WILLWARN 更专注于研究在一些特定场景下使用 V2X 技术，例如危险区域。假设在一个特定地点中检测到存在一些潜在的危险，但是在通信范围内没有支持 V2X 通信技术的车辆来分享并传递该预警信息[10]，为了实现共享警告信息，WILLWARN 提出了一种分散式的分布算法以能够通过 V2V 通信将警告信息传输给正在接近危险地点的车辆。

与此同时，Network on Wheels（NoW）项目与 FleetNet 项目采用了同样的设计理念，Network on Wheels 以 802.11 WLAN 和 ad-hoc 网络为基础来建立车辆间的通信[11]。NoW 旨在建立一个支持移动互联网应用的通信平台。例如，开发一个面向网络层和应用层的混合转发方案。并且 NoW 中还谈论了一些安全性和可拓展性的问题。

因为基础设施在 V2X 技术中也起着非常重要的作用，所以存在一些研究侧重于如何建立与基础设施协同作用的安全应用。SAFESPOT 是一个利用路边的基础设施来提升驾驶安全性的综合性项目[12]。其通过将车载传感器和基础设施传感器的信息相结合以检测车辆目前的危险状况并能够实时分享警告信息。同时其将预警预报程度从毫秒级提升到了秒级，因而能够给司机更多的反应时间来准备和采取措施。SAFESPOT 中讨论了五种具体应用，包括危险和事故警告、超速预警、行驶道路偏离预警、协同道路交叉口碰撞预警，以及救援和紧急车辆安全界限[13]。

2007 年，几家公司联合成立了一个名为"车辆间通信联盟"（Car-2-Car Communication Consortium，C2C-CC）的非营利性组织，该组织旨在通过结合不同项目的解决方案来制定 V2X 技术的标准。自从 2010 年以来，V2X 技术的研究重点已经从课题研究转移到了对整个 ITS（intelligent transportation system，智能运输系统，采用各种高新技术，特别是电子信息技术来提高交通效率，是增加交通安全性和改善环境保护的技术经济系统）的实际环境部署中。目前 simTD 是最受欢迎的部署项目之一[1]，该项目的目标是在真实的城市环境中测试 V2X 技术。在 simTD 中，所有的车辆都可以通过基于 IEEE 802.11p 的专用短程通信（dedicated short range communications，DSRC）技术相互连接，同时，车辆也可以通过 IEEE 802.11p 与路边的基础设施进行通信。simTD 系统由如下三个部分构成：ITS 车辆站、ITS 路侧站和 ITS 中央站。simTD 的测试应用主要包括了交通状况的监测、交通流量监测与导航、交通管理、辅助驾驶、本地危险警报和基于互联网的应用。

Cellular vehicle-to-everything（C-V2X）被设计成一个统一的连接平台以提供低延迟的 V2V 和 V2I 通信[14]。其包含了两种通信模式。第一种通信模式采取了车辆、基础设施和行人之间直接通信的连接方式。而第二种模式则依赖于网络通信，其利用蜂窝网络使得车辆能够接收互联网的信息。C-V2X 技术进一步拓展了车辆之间通信的范围并且使得车辆之间能够进行大容量数据的传输。

12.3 协同自动驾驶

协同自动驾驶大致可以分为以下两类：协同传感和协同决策[15]。协同传感方式主要是在V2V（车辆与车辆）和V2I（车辆与设备）之间共享传感信息。这种数据共享的方式可以增加自动驾驶车辆的感知范围，从而使得系统更加鲁棒。协同决策则可以使一组自动驾驶车辆一起做出决策。

目前一些研究聚焦于协同式自动驾驶的应用探索。在"Enhancements of V2X communication in support of cooperative autonomous driving"[15]一文中，作者向我们展示了四个具体的应用案例，包括了列队行驶、协同变道、交叉路口协同管理和协同感应。根据AutoNet2030项目的设计[16]，多个车道上的车辆组成一个车队列，我们需要对整个车队进行分散控制。为了确保车队的安全和有效控制，我们需要高频率地完成每辆车的动态数据交互。如图12.1所示，我们使用一个路边的边缘服务器和一个云服务器来协调和管理车辆和车队，以确保这些车辆能够安全通过十字路口。另一篇名为"Distributed graph-based convoy control for networked intelligent vehicles"[17]的论文提出了一种车辆控制算法，该算法只能交换该车辆附近车辆的动态信息，而不能交换车队内所有车辆的动态信息。这种设计使得算法易于收敛，大大提高了算法的实时性。

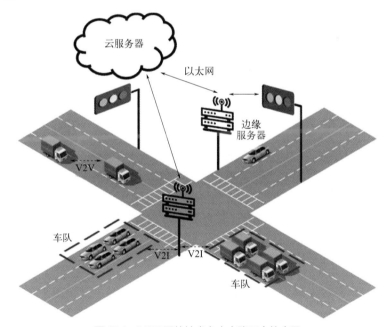

图 12.1　V2X 通信技术在十字路口中的应用

自动驾驶技术中的协同变道能够实现车辆或车队在变换车道时的协同合作。合适的协同变道不仅可以有效地避免交通事故，还可以在一定程度上缓解交通拥堵现象[18]。MOBIL[19]是一种旨在最小化由变道引起的整体制动的通用模型。交叉路口协同管理同样有助于安全驾驶和交通状况控制。底特律的一支团队向我们展示了 The World's Smartest Intersection[20]项目（Miovision 推出的全球最智能十字路口是一款交通系统，结合了传感器视频探查、互联交通信号灯、远程监控等功能，可部署在底特律市中心繁华街道的五个十字路口处）。该项目聚焦于车辆的安全性，生成的数据可帮助识别降低交通致死事故及伤害事故发生率的要点。该团队认为，有效的交叉路口协同管理是需要通过车辆与车辆之间以及车辆与基础设施之间的协调机制来实现的。

协同传感技术通过 V2X 通信技术增加自动驾驶汽车的感知范围，降低自动驾驶的成本。通过协同传感，自动驾驶汽车可以更多地依赖部署在道路周边基础设施中的传感器进行感知，因此可以适当缩减车载传感器的配置以降低成本。在未来，道路周边基础设施有望为自动驾驶汽车提供感知服务。

V2X 网络基础设施的构建在协同自动驾驶中扮演着一个非常重要的角色。异构车联网（HetVNET）[21] 是一个构建 V2X 网络基础设施的初步工作，主要为了满足 ITS 的通信要求。在 HetVNET 中，LTE（long term evolution，长期演进，第四代移动网络技术，4G 无线传输数据的全球标准）和 DSRC（dedicated short range communication，专用短程通信技术，专门用于机动车辆在高速公路等收费点实现不停车自动收费的 ETC 技术）[22] 被整合起来，因为在动态情况下，只依靠单一的无线接入网络很难满足自动驾驶的实际需求。在 "Reliable and efficient autonomous driving: the need for heterogeneous vehicular networks" [23] 一文中，作者提出了一种改进的协议以保证 HetVNET 自动驾驶技术能够在多种应用场景中正常使用。该协议重新定义了 HetVNET 中用于自动驾驶的控制信息。

车载容迟网络（vehicular delay-tolerant network，VDTN）[24] 是另一种创新性的通信架构，被设计应用于具有长延迟和零星连接的场景中。其设计目标是使得信息能够在短距离的 WiFi 连接中被转发并且以异步的方式被传送给目标，这使得 VDTN 能够在当前 VANET 没有端到端的路径的情况下仍能够支持服务和应用。在 "Cooperation strategies for vehicular delay-tolerant networks" [25] 一文中，作者讨论了 VDTN 的几种协同决策方式。VDTN 中协同的实现需要解决如何协调车辆节点的问题，从而使得自动驾驶汽车之间能够共享有限的带宽、能源和存储资源。文中还提出了一种激励机制，该机制会对车辆之间的协同行动进行奖励或者惩罚。

为了实现无延迟的 V2X 通信，信息交接也是 V2X 网络基础设施的重要组成部分。由于蜂窝网络拓扑结构的动态变化和相对较小的通信覆盖范围，蜂窝网络中的交接机制不再适用于 VANET。在 "Enabling seamless V2I communications: toward developing cooperative automotive applications in VANET systems" [26] 一文中，作者利用主动交接技术，使得协同服务能够随着车辆的移动而移动，其可以通过路边单元（roadside units，RSU）进行服务的迁移。因此，我们在开发可靠和高效的协同系统时需要仔细考虑合适的主动交接和资源分配。

边缘计算在自动驾驶汽车领域的不断发展也十分令人激动，汽车边缘计算联盟（The Automotive Edge Computing Consortium，AECC）是一个由汽车公司组成的团体，旨在促进未来汽车中边缘计算技术的发展（该联盟链接为：https://aecc.org）。根据 AECC 的描述，边缘计算的应用领域包括智能驾驶、高清地图、V2Cloud 巡航辅助以及一些拓展服务，例如金融和保险服务。此外，AECC 的白皮书还讨论了数据源、车辆生成的数据量、目标数据流量率、响应时间以及潜在需求领域对边缘计算服务需求的影响。

12.4 挑战

为了保证自动化驾驶系统的鲁棒性和安全性，自动驾驶汽车一般都会配备大量的传感器和计算系统，这会大大增加自动驾驶汽车的建造成本，高成本严重阻碍了自动驾驶汽车的广泛部署。因此，V2X 是能够有效降低自动驾驶汽车建设成本的一个可行的解决方案，V2X 实现了车辆之间的信息共享并将计算负担转移到了路边侧设备 (RSU) 中。目前，协同自动驾驶的实现还存在着以下几个挑战。我们设想的协同与协同感知所要处理的问题如下所示：

协同决策：协同决策所面临的问题是如何解决动态变化的拓扑结构和 V2X 通信的短程覆盖。VDTN 是解决这些问题的一个比较好的方法。而有效的主动切换网络和高效的资源分配是一个潜在的解决方案。5G 无线通信[27] 也为应对并处理该问题提供了一种比较好的解决方案。

协同传感：协同传感所面临的挑战之一在于如何实时地将来自路边基础设施传感器的感知信息分享传送给自动驾驶车辆。而另一挑战则在于如何动态地权衡基础设施传感器与车载传感器之间的成本。对于第一个挑战，我们可以使用边缘计算技术来解决这一问题，因为边缘计算可以使得边缘节点（行驶的车辆）与边缘服务器（路边基础设施）之间能够保证数据的计算和压缩以满足实时性的要求。而对于第二个挑战，基础设施传感器与车载传感器之间成本的权衡则将由汽车市场来决定。

参考文献

[1] Stubing H, Bechler M, Heussner D, et al (2010). simTD: a car-to-X system architecture for field operational tests [topics in automotive networking]. IEEE Communications Magazine 48 (5): 148-154.

[2] Chevreuil M (2002). IVHW: an inter-vehicle hazard warning system concept within the DEUFRAKO program. e-Safety Congress and Exhibition, Lyon, France (16-18 September 2002). The Transportation Research Board.

[3] Franz W, Hartenstein H, Mauve M (2005). Inter-Vehicle-Communications Based on Ad Hoc Networking Principles: The FleetNet Project. Universitätsverlag Karlsruhe.

[4] Hartenstein H, Bochow B, Ebner A, et al (2001). Position-aware ad hoc wireless networks for inter-vehicle communications: the Fleetnet project. In: Proceedings of the 2nd ACM International Symposium on Mobile Ad Hoc Networking & Computing, 259-262. ACM.

[5] Festag A, Fußler H, Hartenstein H, et al (2004). Fleetnet: bringing car-to-car communication into the real world. Computer 4 (L15): 16.

[6] Reichardt D, Miglietta M, Moretti L, et al (2002). CarTALK 2000: safe and comfortable driving based upon inter-vehicle-communication. In: 2002 IEEE Intelligent Vehicle Symposium, vol. 2, 545-550. IEEE.

[7] Morsink P L J, Hallouzi R, Dagli I, et al (2003). CarTALK 2000: development of a co-operative ADAS based on vehicle-to-vehicle communication. In: 10th World Congress and Exhibition on Intelligent Transport Systems and Services. IEEE.

[8] Yi C, Gehlen G, Jodlauk G, et al (2008). A flexible application layer protocol for automotive communications in cellular networks. In: 15th World Congress on Intelligent Transportation Systems (ITS 2008). ITS World Congress.

[9] Schulze M, Nocker G, Bohm K (2005). PReVENT: a European program to improve active safety. In: Proceedings of 5th International Conference on Intelligent Transportation Systems Telecommunications. ITST.

[10] Hiller A, Hinsberger A, Strassberger M, et al (2007). Results from the WILLWARN project. 6th European Congress and Exhibition on Intelligent Transportation Systems and Services, Aalborg, Denmark (June 2007).

[11] Festag A, Noecker G, Strassberger M, et al (2008). NoW-network on wheels: Project objectives, technology and achievements.

[12] Toulminet G, Boussuge J, Laurgeau C (2008). Comparative synthesis of the 3 main European projects dealing with Cooperative Systems (CVIS, SAFESPOT and COOPERS) and description of COOPERS Demonstration Site 4. In: 2008 11th International IEEE Conference on Intelligent Transportation Systems (ITSC 2008), 809-814. IEEE.

[13] Bonnefoi F, Bellotti F, Scendzielorz T, et al (2007). SAFESPOT applications for infrasructurebased co-operative road safety. In: 14th World Congress and Exhibition on Intelligent Transport Systems and Services, 1-8. ITS World Congress.

[14] Papathanassiou A, Khoryaev A (2017). Cellular V2X as the essential enabler of superior global connected transportation services. IEEE 5G Tech Focus 1 (2): 1-2.

[15] Hobert L, Festag A, Llatser I, et al (2015). Enhancements of V2X communication in support of cooperative autonomous driving. IEEE Communications Magazine 53 (12): 64-70.

[16] De La Fortelle A, Qian X, Diemer S, et al (2014). Network of automated vehicles: the autonet 2030 vision. ITS World Congress, Detroit, USA.

[17] Marjovi A, Vasic M, Lemaitre J, et al (2015). Distributed graph-based convoy control for networked intelligent vehicles. In: 2015 IEEE Intelligent Vehicles Symposium (IV), 138-143. IEEE.

[18] Khan U, Basaras P, Schmidt-Thieme L, et al (2014). Analyzing cooperative lane change models for connected vehicles. In: 2014 International Conference on Connected Vehicles and Expo (ICCVE), 565-570. IEEE.

[19] Kesting A, Treiber M, Helbing D (2007). General lane-changing model MOBIL for car-following models. Transportation Research Record 1999 (1): 86-94.

[20] Miovision (2018). Miovision unveils the World's Smartest Intersection in Detroit. https://miovision.com/press/miovision-unveils-the-worlds-smartest-intersection-in-detroit (accessed 1 June 2019).

[21] Zheng K, Zheng Q, Chatzimisios P, et al (2015). Heterogeneous vehicular networking: a survey on architecture, challenges, and solutions. IEEE Communications Surveys and Tutorials 17 (4): 2377-2396.

[22] Kenney J B (2011). Dedicated short-range communications (DSRC) standards in the United States. Proceedings of the IEEE 99 (7): 1162-1182.

[23] Zheng K, Zheng Q, Yang H, et al (2015). Reliable and efficient autonomous driving: the need for heterogeneous vehicular networks. IEEE Communications Magazine 53 (12): 72-79.

[24] Isento J N G, Rodrigues J J P C, Dias J A F F, et al (2013). Vehicular delay-tolerant networks? A novel solution for vehicular communications. IEEE Intelligent Transportation Systems Magazine 5 (4): 10-19.

[25] Dias J A F F, Rodrigues J J P C, Kumar N, et al (2015). Cooperation strategies for vehicular delay-tolerant networks. IEEE Communications Magazine 53 (12): 88-94.

[26] Ghosh A, Paranthaman V V, Mapp G, et al (2015). Enabling seamless V2I communications: toward developing cooperative automotive applications in VANET systems. IEEE Communications Magazine 53 (12): 80-86.

[27] Andrews J G, Buzzi S, Choi W, et al (2014). What will 5G be? IEEE Journal on Selected Areas in Communications 32 (6): 1065-1082.

13

车辆边缘安全

13.1 简介

在前面的章中，我们回顾了车载边缘计算和车联网（V2X）基础设施的创新，这些技术的发展有效地推动了自动驾驶技术的进步，并提高了自动驾驶计算的性能和能耗效率。如前所述，现有的自动驾驶汽车基本上每辆都配备并支持数十个边缘计算和云计算单元，这些计算单元需要处理传感器数据、实时监测车辆状态以及控制机械部件等。因此，这些计算单元的安全威胁在自动驾驶领域中是非常值得关注的。

针对自动驾驶汽车的网络被攻击后车辆会十分危险，可能导致严重的交通事故，对个人和公共安全构成威胁的特点，本章将回顾近期自动驾驶领域的最新研究成果，着重探讨自动驾驶边缘计算的不同层面存在的安全问题，包括传感器安全、操作系统安全、控制系统安全和通信安全等方面。通过了解这些安全问题，我们可以更好地应对自动驾驶汽车所面临的网络攻击和其他安全威胁。

13.2 传感器安全

自动驾驶汽车中，传感器起着至关重要的作用。它们包括了摄像头、全球导航卫星系统（GNSS）、光探测和测距（LiDAR）等多种类型，用以感知周围环境。因此，传感器成为自动驾驶汽车安全的最大威胁（攻击者可直接攻击传感器）。攻击者可以发送错误信息，甚至完全阻止传感器的数据传输，从而干扰自动驾驶的行为，而且攻击者有许多具体的攻击方法，可以干扰、蒙蔽或欺骗每个传感器[1]。

就目前而言，在自动驾驶系统中，摄像头是基本的视觉传感器，相当于驾驶员的眼睛。

现代的自动驾驶汽车中通常配备多种类型的摄像头[2, 3]。

这些摄像头图像是许多自动驾驶系统中感知系统的输入，例如，目标检测和目标跟踪。攻击者可以通过放置假的交通信号灯、交通标志和交通物体（汽车或行人）来欺骗自动驾驶汽车，并诱导其做出错误的判断[4]。此外，攻击者还可以使用高亮度的红外激光器干扰摄像机，使其失明，从而导致这些摄像头不能为感知阶段提供有效的图像[4, 5]，进而妨碍感知工作的进行。

自动驾驶汽车还会使用全球导航系统（GNSS）和惯性导航系统（INS）传感器来更新车辆的实时全局位置信息。攻击者可以使用带外或带内（两种网络监控方式）的信号干扰 GNSS 接收器的正常工作，从而干扰和欺骗 GNSS 传感器[6]。他们还可以在自动驾驶汽车附近部署一个 GNSS 发射器，通过复制原始信号和提供虚假位置来欺骗 GNSS 接收器[4, 6]。此外，INS 传感器对磁场很敏感，只要有一个额外的、强磁场就可以有效地干扰 INS 传感器的正常工作，从而导致车辆偏离既定路线，造成车祸。

激光雷达是自动驾驶技术中的重要传感器之一，它通过测量目标物体反射回来的脉冲信号来获取物体的距离和位置信息，从而实现车辆对周围环境的三维感知。具体来说，激光雷达照射目标物体后会得到物体表面上每个采样点的空间坐标，这些坐标组成了一个点的集合，也称为"点云"。然而，一些具有吸收性或反射性的物体（一般称为"smart surface"）可以欺骗激光雷达传感器，导致它无法检测到实际行驶中的障碍物[1]。此外，这些欺骗行为还可以通过向激光雷达照射相同频率的激光脉冲来操纵激光雷达所感应到的数据，使得激光雷达无法正确检测到物体的位置和距离[4]。对于多用于被动感知的超声波传感器和雷达，它们是自动驾驶汽车的最后一道防线。研究人员 Yan 等通过使用特定的信号发生器和发射器，成功地欺骗并干扰了特斯拉自动驾驶系统中的这两种传感器[7]。因此，如何增强自动驾驶系统的抗干扰能力，是当前自动驾驶技术面临的重要挑战之一。

13.3　操作系统安全

目前，在自动驾驶汽车的操作系统中（机器人操作系统），ROS 操作系统被广泛应用。在 ROS 运行环境中，攻击者可以针对 ROS 节点或 ROS 信息进行攻击。由于 ROS 中的信息传递和新节点创建都没有认证程序，攻击者可以使用主节点上的 IP 地址和端口来创建一个新的 ROS 节点或劫持一个现有的节点来进行攻击，而不需要进一步的认证[8]。此外，如果节点上的服务不断消耗系统资源（例如占用内存或 CPU 利用率），就会影响其他正常 ROS 节点的正常运行，甚至导致整个自主驾驶系统崩溃。攻击者还可以利用被控制的 ROS 节点发送被操纵的信息，从而干扰其他节点的运行和输出。

至于对 ROS 消息的攻击，第一种安全威胁是消息捕获，攻击者可以利用主节点的 IP 地址和端口来监控和记录 ROS 主体的每个消息。记录的数据会保存在 ROS 包文件中，攻击者可以通过播放这些文件中记录的数据，重新发送一些历史上的 ROS 消息，这将影响当前的 ROS 消息通信[8]。ROS 的消息传递机制基于套接字通信，因此攻击者可以在不入侵主节点的情况下，通过嗅探网络数据包来远程监控和拦截 ROS 的消息[9, 10]。从安全威胁程度来看，这种对 ROS 消息的攻击并不需要启动或劫持 ROS 节点，其安全威胁程度不低于使用 ROS 节点进行的攻击。

13.4　控制系统安全

现代汽车中，许多数字设备和机械部件都是由电子控制单元（ECU）控制的。这些 ECU 通过数字总线相互连接，构成了车内的网络。在车辆网络中，控制器区域网络（CAN）是主要的总线协议[11]。CAN 是一种典型的总线拓扑结构，其中没有主/从节点的概念，因此任何连接到 CAN 总线的节点都可以向其他节点发送消息。因此，CAN 网络通常使用优先级来控制对总线的访问。尽管 CAN 网络与外部网络是相隔离的，但是攻击者可以通过入侵车辆中的数字设备来间接攻击 CAN 和 ECU，这对车辆和公众安全都非常危险。

事实上，在 CAN 总线上有许多可供攻击的地方。首先是 OBD-II 端口，该端口用于诊断车辆状态、更新 ECU 固件，甚至控制车辆。OBD-II 端口与 CAN 总线相连，因此攻击者可以使用 OBD-II 设备和诊断软件来嗅探总线上的信息或控制车辆[12, 13]。此外，攻击者可以很容易地通过 OBD-II 端口获得对 CAN 总线的访问权限。其次是车辆中的媒体播放器（如 CD 播放器），媒体播放器需要接收来自司机的控制信息，并将反馈的可视化信息发送到屏幕上（即用户界面），因此，媒体播放器通常与 CAN 相连。攻击者可以在 CD 上刷入恶意代码，当司机播放 CD 时，恶意代码可以攻击 CAN 总线[14]。

除了 OBD-II 端口和媒体播放器，攻击者还可以利用车辆中的蓝牙接口进行攻击。现在的自动驾驶车辆都支持与智能手机的蓝牙连接，攻击者可以使用智能手机通过蓝牙上传恶意的应用程序来接管 CAN 总线，或者通过蓝牙嗅探车辆的状态。这是非常危险的，因为攻击者可以利用这个接口对车辆进行远程攻击。

一旦攻击者劫持了 CAN 总线，就会对 CAN 网络产生一些安全威胁[12]。首先是广播攻击，攻击者可以将一个 CAN 消息广播到所有的节点，从而可以捕获和反向设计这些消息，并注入新的消息来诱导各种行动。

第二种是拒绝服务（DoS）攻击。由于 CAN 协议带宽有限，因此极其容易受到 DoS 攻击。除了消息洪水攻击外，如果一个被劫持的节点一直声称自己是网络中的最高优先级，它将导致所有其他的 CAN 节点退出，进而会导致整个 CAN 网络崩溃。

除了广播攻击和拒绝服务攻击之外，缺少身份验证字段也是 CAN 网络面临的一个安全问题。在 CAN 消息中，没有身份验证字段，这意味着任何节点都可以发送数据包给其他节点，而不需要进行身份验证。这使得攻击者可以轻松地伪造数据包并将其发送到 CAN 网络中的任何节点，从而控制车辆的各个系统。为了保护 CAN 网络的安全，需要在 CAN 协议中添加身份验证字段，并确保数据包只能从授权的节点发送，从而防止攻击者对 CAN 网络的滥用。

13.5　V2X 安全

自动驾驶技术通过 V2X 技术使车辆能够获得实时的交通数据，包括实时地图和天气数据，还可以利用云计算进行自动驾驶[15]。此外，车辆可以通过专用短程通信（DSRC）与 V2X 网络中的其他节点进行通信[16]，为车联网和自动驾驶汽车创造了许多新的应用场景。然而，这种 V2X 网络也给车辆带来了更多的安全问题[17-19]。

传统的互联网和自组织网络（ad-hoc）面临的许多安全威胁，在 V2X 网络中同样存在，但具体的表现形式有所不同。例如，拒绝服务（DoS）攻击和分布式拒绝服务（DDoS：Distributed Denial of Service Attack，攻击是通过大规模互联网流量淹没目标服务器或其周边基础设施，以破坏目标服务器、服务或网络正常流量的恶意行为）攻击是互联网上的两种基本攻击方式，在 V2X 网络中也同样存在。由于每个节点都想要占用资源，因此每个节点都有可能成为攻击者或受害者，这将导致各种流量问题[20]。如果基础设施成为受害者，那么它将无法为附近的车辆提供实时服务。相反，如果车辆成为受害者，那么它将无法接收来自基础设施或云端的信息。DoS 攻击还会干扰车辆执行其他任务，这有可能导致一些自动驾驶应用出现长时间延迟，这种延迟通常是不可接受的[1]。

在 V2X 网络中，攻击者可以创建多个具有相同身份或保持匿名的车辆，这被称为 Sybil 攻击（即女巫攻击）[21]。Sybil 攻击可能会迫使在道路上行驶的车辆给假的车辆让路，并阻止其他车辆在这条路上行驶，因为车辆被欺骗了，以为出现了交通堵塞。信息伪造也是一种常见的攻击方式，车辆可以改变其身份或向 V2X 网络发送伪造的信息，从而防止其被发现或可以推卸一些责任[22]。此外，还有许多其他传统的网络威胁，如重放攻击和阻断攻击，但攻击方式都与上述威胁类似。

V2X 网络带来了许多新型的网络节点，例如基础设施和行人。这些节点的出现给传统互联网中很少出现的威胁带来了新的机会。其中一个问题是隐私问题。车辆与行人以及车辆与基础设施之间的通信通常采用短程协议，例如蓝牙低功耗和 DSRC。如果认证措施不严格，驾驶员和行人的隐私可能会受到侵犯[23]。另一个问题涉及基础设施的安全性。如果路边装置（RSU）遭受攻击，并广播虚假的交通信息，这可能会影响附近车辆的运行状态。此外，V2X 网络还带来了其他安全威胁，如网络攻击和消息欺骗。为了保护车辆和行人的安全和隐私，需要对 V2X 网络进行安全加固和加密保护。

13.6　边缘计算的安全性

安全是边缘计算领域的关键话题，因此越来越多的研究关注于一般场景下的安全问题，因为这些研究可能为车辆互联和自动驾驶汽车的安全问题提供解决方案。在这些场景下，相关的研究可以分为两类，即边缘网络和边缘计算的运行环境。

Bhardwaj 等提出了 ShadowNet[24]，这是一种将边缘功能部署在分布式边缘基础设施上的算法网络。该网络汇总有关物联网（IoT）流量的信息，以检测即将发生的 IoT-DDoS。与现有方法相比，ShadowNet 检测 IoT-DDoS 的速度提高了 10 倍，可以防止 82% 的流量进入互联网基础设施，从而减少安全威胁。Yi 等提出了一种使用软定义网络来解决边缘网络安全问题的方法[25]，如网络监控、入侵检测和网络资源访问控制。这些工作将有助于解决互联和自动驾驶汽车场景中的网络威胁。

Ning 等在异构边缘平台上评估了几种可信执行环境（TEE），文中提到主要是在英特尔 SGX、ARM TrustZone 和 AMD SEV 上完成了测试。将 TEE 部署在这些边缘计算平台上，可以用较低的性能开销来有效地提高整体系统的安全性[26]。KLRA[27] 是一种面向 IoT 和边缘操作系统安全的内核级资源审计工具，KLRA 采用成本较低的细粒度事件测量，并在系统行为异常时第一时间上报相关的安全警告。这些工作将有助于解决联网和自动驾驶汽车上操作系统的安全问题。

表 13.1 总结了自动驾驶汽车的安全威胁和潜在的防御机制。

表 13.1 安全威胁摘要

安全类别	安全威胁	防御机制
传感器	用假的交通物体来欺骗摄像机； 用高功率的假象干扰 GPS 接收器； 伪 GPS 发射器干扰 GPS 接收器； 通过强大的磁场干扰 IMU 传感器； 用光激光脉冲干扰 LiDAR； 通过特定的信号发生器干扰和欺骗超声波传感器和 MMW 雷达	多传感器数据融合：系统检查和纠正来自多个传感器的数据
操作系统	劫持 ROS 节点消耗系统资源； 劫持 ROS 节点发送操纵消息； 窃听 ROS 消息以窃取私有数据； 重复截获的 ROS 消息以干扰其他 ROS 节点	Linux 容器：使用容器技术控制每个 ROS 节点的资源利用率； 可信执行环境：在受信任的执行环境中运行密钥 ROS 节点
控制系统	通过 OBD-II 端口劫持 CAN 总线； 利用媒体播放器劫持 CAN 总线； 利用蓝牙劫持 CAN 总线； 在 CAN 总线上发送操纵消息； 对 CAN 总线的 DoS 攻击	消息加密：在 CAN 总线上加密报文
V2X	针对车辆和基础设施的 DoS 和 DDoS 攻击； 通过在道路上创建多个假车来进行 Sybil 攻击； 利用短距离无线协议窃听隐私数据； 向附近车辆广播虚假交通信息	身份验证：对 V2X 网络的节点访问应该经过身份验证，并提供安全证书和密钥

参考文献

[1] Petit J, Shladover S E (2015). Potential cyberattacks on automated vehicles. IEEE Transactions on Intelligent Transportation Systems 16 (2): 546-556.

[2] Liu S, Tang J, Zhang Z, et al (2017). Computer architectures for autonomous driving. Computer 50 (8): 18-25.

[3] Geiger A, Lenz P, Urtasun R (2012). Are we ready for autonomous driving? The KITTI vision benchmark suite. In: 2012 IEEE Conference on Computer Vision and Pattern Recognition (CVPR), 3354-3361. IEEE.

[4] Petit J, Stottelaar B, Feiri M, et al (2015). Remote attacks on automated vehicles sensors: Experiments on camera and LiDAR. Black Hat Europe 2015, Amsterdam, the Netherlands (10-13 November 2015).

[5] Truong K N, Patel S N, Summit J W, et al (2005). Preventing camera recording by designing a capture-resistant environment. In: International Conference on Ubiquitous Computing, 73-86. Springer.

[6] Ioannides R T, Pany T, Gibbons G (2016). Known vulnerabilities of global navigation satellite systems, status, and potential mitigation techniques. Proceedings of the IEEE 104 (6): 1174-1194.

[7] Yan C, Xu W, Liu J (2016). Can You Trust Autonomous Vehicles: Contactless Attacks Against Sensors of Self-Driving Vehicles. DEF CON 24.

[8] Jeong S Y, Choi I J, Kim Y J, et al (2017). A study on ROS vulnerabilities and countermeasures. In: Proceedings of the Companion of the 2017 ACM/IEEE International Conference on Human-Robot Interaction, 147-148. ACM.

[9] Lera F J R, Balsa J, Casado F, et al (2016). Cybersecurity in autonomous systems: evaluating the performance of hardening ROS. Proceedings of the Workshop on Physical Agents (WAF 2016), Málaga, Spain (16-17 June 2016).

[10] McClean J, Stull C, Farrar C, et al (2013). A preliminary cyber-physical security assessment of the robot operating system (ROS). In: Unmanned Systems Technology XV, vol. 8741, 874110. International Society for Optics and Photonics.

[11] Johansson K H, Törngren M, Nielsen L (2005). Vehicle Applications of controller area network. In: Handbook of Networked and Embedded Control Systems, 741-765. Springer.

[12] Koscher K, Czeskis A, Roesner F, et al (2010). Experimental security analysis of a modern automobile. In: 2010 IEEE Symposium on Security and Privacy (SP), 447-462. IEEE.

[13] Wang Q, Sawhney S (2014). VeCure: a practical security framework to protect the can bus of vehicles. In: 2014 International Conference on the Internet of Things (IOT), 13-18. IEEE.

[14] Checkoway S, McCoy D, Kantor B, et al (2011). Comprehensive experimental analyses of automotive attack surfaces. In: USENIX Security Symposium, 77-92. USENIX.

[15] Liu S, Tang J, Wang C, et al (2017). A unified cloud platform for autonomous driving. Computer 50 (12): 42-49.

[16] Hu J, Chen S, Zhao L, et al (2017). Link-level performance comparison between LTE V2X and DSRC. Journal of Communications and Information Networks 2 (2): 101-112.

[17] Raya M, Hubaux J P (2007). Securing vehicular ad hoc networks. Journal of Computer Security 15 (1): 39-68.

[18] Engoulou R G, Bellaïche M, Pierre S, et al (2014). VANET security surveys. Computer Communications 44: 1-13.

[19] Yang Y, Wei Z, Zhang Y, et al (2017). V2X security: a case study of anonymous authentication. Pervasive and Mobile Computing 41: 259-269.

[20] Malla A M, Sahu R K (2013). Security attacks with an effective solution for DOS attacks in VANET. International Journal of Computer Applications 66 (22).

[21] Yu B, Xu C Z, Xiao B (2013). Detecting Sybil attacks in VANETs. Journal of Parallel and Distributed Computing 73 (6): 746-756.

[22] Petit J, Feiri M, Kargl F (2011). Spoofed data detection in VANETs using dynamic thresholds. In: Proceedings of the IEEE Vehicular Networking Conference (VNC), 25-32. IEEE Communications Society.

[23] Liu J, Liu J (2018). Intelligent and connected vehicles: current situation, future directions, and challenges. IEEE Communications Standards Magazine 2 (3): 59-65.

[24] Bhardwaj K, Chung Miranda J, Gavrilovska A (2018). Towards IoT-DDoS prevention using edge computing. USENIX Workshop on Hot Topics in Edge Computing (Hodge 18), Boston, MA.

[25] Yi S, Qin Z, Li Q (2015). Security and privacy issues of fog computing: a survey. In: International Conference on Wireless Algorithms, Systems, and Applications, 685-695. Springer.

[26] Ning Z, Liao J, Zhang F, et al (2018). Preliminary study of trusted execution environments on heterogeneous edge platforms. In: 2018 IEEE/ACM Symposium on Edge Computing (SEC), 421-426. IEEE.

[27] Li D, Zhang Z, Liao W, et al (2018). KLRA: a Kernel Level Resource Auditing tool for IoT operating system security. In: 2018 IEEE/ACM Symposium on Edge Computing (SEC), 427-432. IEEE.